前沿科学
在身边
会呼吸的绿色建筑

小多（北京）文化传媒有限公司 / 编著

U0192976

天地出版社 | TIANDI PRESS

图书在版编目（CIP）数据

会呼吸的绿色建筑 / 小多(北京)文化传媒有限公司编著.— 成
都：天地出版社，2024.3
（前沿科学在身边）
ISBN 978-7-5455-7979-6

Ⅰ.①会… Ⅱ.①小… Ⅲ.①生态建筑-儿童读物 Ⅳ.①TU-023

中国国家版本馆CIP数据核字(2023)第198262号

HUI HUXI DE LÜ SE JIANZHU

会呼吸的绿色建筑

出 品 人	杨　政		责任校对	曾孝莉
总 策 划	陈　德		装帧设计	霍笛文
作　　者	小多（北京）文化传媒有限公司		排版制作	朱丽娜
策划编辑	王　倩		营销编辑	魏　武
责任编辑	王　倩　刘桐卓		责任印制	刘　元　葛红梅
特约编辑	韦　恩　阮　健　吕亚洲　刘　路			

出版发行　天地出版社
　　　　　（成都市锦江区三色路238号　邮政编码：610023）
　　　　　（北京市方庄芳群园3区3号　邮政编码：100078）
网　　址　http://www.tiandiph.com
电子邮箱　tianditg@163.com
经　　销　新华文轩出版传媒股份有限公司

印　　刷	北京博海升彩色印刷有限公司		印　张	7
版　　次	2024年3月第1版		字　数	100千
印　　次	2024年3月第1次印刷		定　价	30.00元
开　　本	889mm×1194mm 1/16		书　号	ISBN 978-7-5455-7979-6

FRANCIS CRICK

James Watson

Maurice Wilkins

Rosalind Franklin

《前沿科学在身边》

生逢其时

科学史理论家、清华大学教授　刘兵

　　面对当下社会上对面向青少年的科普需求的迅速增大，《前沿科学在身边》这套书的出版可谓生逢其时。

　　随着新科技成为全社会关注的热点，也相应地呈现出了前沿科普类的各种图书的出版热潮。在各类科普图书百花齐放，但又质量良莠不齐的情况下，高水平的科普图书品种依然有限。而在留给读者的选择空间不断增大的情况下，也同时加大了读者选择的困难。

　　正是在这样的背景下，我愿意向青少年读者推荐这套《前沿科学在身边》丛书。简要地讲，我觉得这套图书有如下一些优点：它非常有策划性，在选择的话题和讲述的内容的结构上也非常合理；也涉及科学的发展热点，又不忽视与人们的日常生活密切相关的内容；既介绍最新的科学前沿探索，也不忽视基础性的科学知识；既带有明显的人文关怀来讲历史，也以通俗易懂且有趣的语言介绍各主题背后科学道理；既有以故事的方式的生动讲述，又配有大量精美且具有视觉冲击力的相关图片；既有对科学发展给人类社会生活带来的巨大改变的渴望，又有对科学技术进步带来的问题的回顾与反思。

在前面所说的这些表面上似乎有矛盾，但实际上又彼此相通的对立方面的列举，恰恰成为这套图书有别于其他一些较普通的科普图书的突出亮点。另外，从作者队伍来看，丛书有一大批国内外在青少年科学普及和文化教育普及领域的专业工作者。以往，人们过于强调科普著作应由科学大家来撰写，但这也是有利有弊：一是科学大家毕竟人数不多，能将精力分于科普创作者就更少了；二是面向青少年的科普作品本来就应要更多地顾及当代青少年本身心理、审美趣味和阅读习惯。因而，理想的面向青少年的科普作品应是在科学和与科学相关的其他多学科研究的基础上，由专业科普作家进行的二次创作。可以说，这套书也正是以这样的方式编写出来的。

随着人们对科普的认识的不断深化，科普的目标、手段和方法也在不断地变化——与基础教育的有机结合，以及在此基础上的合理拓展，更是越来越被重视。在这套图书中各本图书虽然主题不同，但在结合不同主题的讲述中，在必要的基础知识之外，也潜在地体现出对于读者的科学素养提升的关注，体现出对于超出单一具体学科知识的跨学科理解。书中包括了许多可以让读者自己动手实践的内容，这也是此套图书的优点和特点。

其实，虽然科普理念很重要，但讲再多的科普理念，如果不能将它们化为真正让特定读者喜闻乐见的具体作品，理论就也只是理想而已。不过，我相信这套图书会对于青少年具有相当的吸引力，让他们可以"寓乐于教"地阅读。

是否真的如此？还是先读起来，通过阅读去检验、去体会吧。

目录

能量与建筑节能

不断探索的正能量绿色建筑

能量与建筑节能

解读能量

能量，是一个常用词。这本书里涉及的能量，是物理学意义上的能量。

消耗能量做功

生活力

"能量"这个词最早出现在古希腊的文献中，当时仅仅是一个哲学概念。在牛顿时代，大家并不知道能量到底是什么。17世纪，德国数学家戈特弗里德·威廉·莱布尼茨提出了"生活力"的概念，并认为它是守恒的，这一观点和牛顿相似，但他们的观点直到一个世纪以后才被大众接受。

科学家是如何理解能量的？

Q1

能量

1807年，物理学家托马斯·杨在伦敦国王学院引入"能量"这个概念以代替"生活力"。他当时把"能量"这个词和力对物体所做的功联系起来。什么叫"做功"呢？如果一个物体在力的作用下有了位置的移动，这个力就对物体做了功。比如你去推课桌，课桌动了，那就是你对课桌做了功。物体做功，是在消耗自身的能量。

做功与能量

到了1831年，法国科学家科里奥利正式讨论了"功"和"动能"之间的关系，并用微积分计算出了做功与能量之间的关系，对能量的定义起到了比较重要的作用。此外，科里奥利还发现在北半球高空坠落的物体的落地点总是偏向东方。因为物体在下落过程中受到了力的作用，这就是著名的科里奥利力。

物理学中的能量

在物理学中，甲物体能让乙物体产生物理变化，如位置移动、温度升高、速度加快等，就是说，甲物体有对乙物体做功的能力，这种做功的能力我们称为"能量"。

能量都有哪些表现形式？

Q2

势能与动能

势能与动能是能量的两个最重要的形式。

动能

有一种在生活中经常发生的情况：飞驰的汽车相互撞击的时候会产生很大的威力。一般会把车窗的玻璃撞碎，车灯撞坏。而静止在地面的汽车则不会发生这种可怕的情况。这也可以用能量来解释，运动的物体具有另外一种能量——动能。

势能 ☒

当苹果从树上落到地上，你可以说苹果受到了重力的作用，也可以说树上的苹果具有一种能量——势能，更严谨一点儿说是重力势能。重力势能驱使苹果以一定的速度冲向地面。

有很多男生喜欢用拉力弹簧锻炼肌肉。拉开拉力弹簧花费的力气，其实是变成了弹簧的弹性势能，这也是势能的一种。

势能的英文是 potential energy，因此也可以翻译为"潜能"。拉开的拉力弹簧有快速回缩的潜能，你拉弹簧的时候，就会感受到这种能量。

牛顿摆

1 号球

2 号球

图中，当拉起最左边的 1 号球时，球的高度升高，重力势能增加。当 1 号球荡下到最低点时，它的重力势能转化成动能，以一定的速度撞击 2 号球，撞击时将它的动能传给 2 号球。同样地，2 号球也会将动能传递下去。最右面的球无法将动能继续传递，因此被弹出，动能转化成势能。如此周而复始地左右摆动。

热能

热能

热能是由动能与势能组成的。只不过其中运动的不是汽车，而是分子；拉开的也不是弹簧，而是分子之间的距离。

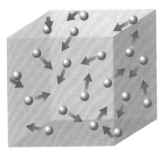

大量分子做无规则运动产生的能量是分子动能。当物体吸收热量后，分子运动加快，分子动能增加

热量

在房间里，许许多多的气体分子横冲直撞，就好像是用弹簧连接起来的小汽车一样。它们的动能与势能组成了热能，热能的变化大小就叫作"热量"。热能最早由物理学家詹姆斯·焦耳发现，他还发现了功和热之间的转换关系。化学家约瑟夫·布莱克提出了一个叫作"比热容"的概念，说的是如果某个物体吸收一定的热量，那么它的温度会升高。

比热容

物体单位质量吸收的热量与升高的温度之比就是物体的比热容。太阳下的海边，沙子比水要烫，正是因为沙子的比热容比水小。因为水的比热容大，可以贮存更多的热量，所以中国北方用水来集中供暖，管道里流动的水将锅炉燃料燃烧产生的热带到了房间。

能量守恒定律

苹果落地拥有的速度使得它把树下的泥地砸出一个坑，那是因为它在树上时的势能在落地过程中转化成了动能，让它有了冲向地面的速度。苹果下落时势能减少了，但动能增加了，总的能量并没有改变，这就是能量守恒。

能量守恒定律是现代科学中最重要的理论之一，其最基本的内容是：能量既不会凭空产生，也不会凭空消失，只能由一种形式转化为另一种形式，或从一个物体转移到另一个物体，而能量的总量保持不变。在生活中，我们每天都在见证这一定律，例如电热水壶利用电能加热电阻丝把水烧开。

能量守恒适用于哪些方面?

证实能量守恒 ✕

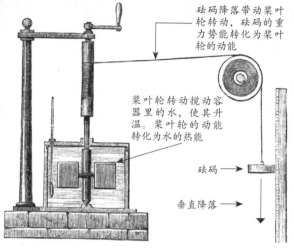

砝码降落带动桨叶轮转动,砝码的重力势能转化为桨叶轮的动能

桨叶轮转动搅动容器里的水,使其升温。桨叶轮的动能转化为水的热能

砝码 →

垂直降落 →

焦耳实验的示意图

　　詹姆斯·焦耳是最先通过实验证实能量守恒定律的人。焦耳利用降落的砝码带动密闭的水容器中的大型桨叶轮,然后计算出砝码的重力势能,并推出当砝码降落到地面时几乎所有的重力势能都会转化为桨叶轮的动能而使之转动。桨叶轮转动时会搅动水容器中的水使其升温,虽然升温不多,但是能够测量出来。了解一定量的水升高一定的温度需要的能量,焦耳由此计算出水容器中的水获得了多少能量。他发现水获得的能量正好等于砝码降落时减少的重力势能。焦耳在能量方面做出的杰出贡献得到了世人的认可,能量的国际制单位(焦耳)就是以他的名字命名的。

能量守恒的拓展

　　焦耳的研究工作主要聚焦于机械能,不过,后来的物理学家将这个定律的运用进行了拓展,它对化学能同样适用:能量既不会凭空产生,也不会凭空消失,只能由一种形式转化为另一种形式,或者从一个物体转移到另一个物体,而能量的总量保持不变。

热能的传输

牛顿摆中的小球通过碰撞，能量从一个球传递到另一个球。分子的运动（或振动）和相互撞击也会传递能量，这就是热传递，是热能从高温区间向低温区间转移的过程。

热量通过三种方式进行传递：对流、辐射和传导。对流是通过气体分子或液体分子流动传递热量，辐射是发热物体通过射线传递热量，传导是通过固体中的分子振动和电子流动传递热量。

不同固体材料的热传导性能差别很大。金属的热传导性能很好，可以做热交换材料；石棉、泡沫塑料的热传导性能很差，可以做保温材料。

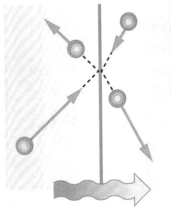

分子碰撞引起了动能的传递。碰撞后，左侧小球的动能减小，右侧小球的动能增大

一个空间内气体的热能，可以通过分隔层（如房子的墙体或窗玻璃）传递到另一个空间。传导的速度取决于四个基本因素：两个空间的温度差、分隔层材料的导热性能、分隔层面积以及分隔层厚度。

何为正能量房屋？

每个家庭都在耗能。

要保证人们的衣食住行，房子理所当然是耗能的，但是所使用的电来自不可再生能源就不应该是理所当然的了。那么，有没有可能让使用现代电器的房子自己运转起来呢？

能源顺差房屋就是这样的房子，它们通过自身装置，从太阳能、风能等可再生能源中吸取能量供自身使用，还将用不完的电能输送给商用电网。这样的房子就是"正能量房屋"！

自然界中隐藏着哪些能量？

能量的储存方式

　　我们身边最大的能量源是太阳，而太阳就源自宇宙大爆炸。当然，宇宙大爆炸太遥远了。一般认为我们所生活的现实世界中的能量绝大多数来源于太阳。

　　能量既不会凭空产生，也不会凭空消失，但可以相互转化，也可以长期储存。我们通常认为自然界的能量储存在石油、天然气和煤中，然而，在人类生活的世界里，能量的储存方式还有很多。阳光温暖着我们的脸庞，照射着各种生物；地球的大气、大地以及地球上最大的能量储存库——海洋，都在接收和存储来自太阳的能量。

自然界储存的能量

　　现代生活离不开能量，然而，这些能量源自何处？你大概会说，所有能量皆源自宇宙大爆炸。你是对的！

水循环 ☒

　　热量散发在地球表面，使地表升温。表面海水受热产生温差，继而产生涌流，这些涌流自身具有能量，水因而会流动。有些水因过度受热由液体变成气体，形成水蒸气，随着气流流动，而气流也是因为受到太阳的热作用形成的。大量水蒸气聚集在一起形成云，在空中流动，当热量散失（水蒸气冷却）后，它们就会以雨或雪的形式降落下来，流回海洋，并在流动过程中产生动能。这一过程称为"水循环"。水循环的每一个环节中的能量都可以为我们所用。

只有0.08%的太阳能通过光合作用被植物吸收、存储，其中一部分转化成了地下的化石燃料

天然气　　页岩气

泥土
水
壤土
沙石

页岩气

空气和水的利用

　　水车和涡轮机利用流动的水运作；特制的浮标利用波浪发电；风车上旋转的桨叶带动轮轴旋转，轮轴又带动发电机发电。所有这些都告诉我们，人类可以利用流动的空气和水得到所需的能量。

能量储存冠军——植物

　　能量守恒定律是关于能量的最重要的理论之一，这个定律已经影响了我们认识和使用能量的方式。自然界很擅长将能量从一种形式转化成另一种形式，然而，历来的能量储存冠军都是植物。

　　植物摄取光能，借助二氧化碳和水，通过光合作用，将光能转化成化学能并储存在碳水化合物中，供植物茁壮成长。

人类对能源的利用 ☒

　　植物为人类提供食物，食物通过人体将植物的化学能转化成热能。一些植物自古以来就是上好的建筑材料。此外，它们还能作为燃料提供热能。热能用途广泛，如烹煮食物、烧水、使汽车运行等。如今，通过燃烧植物获取热能仍然应用于我们的现实生活中。

太阳每年到达地球的辐射能量约 1.73×10^{17} 瓦，但大部分被反射回太空

约 0.3% 的太阳能通过大气转化成风能

氧气　　水

二氧化碳

水

矿物

约 32% 的太阳能作用于地球的水圈

化石能源带来了什么？

Q5

地球是古老的，生命已经在这个星球上存在了很久很久，远远久过人类存在的时间。在人类出现前长达亿万年的时间里，动物和植物在地球上生存然后又死去，许多动植物死后被埋于地底，亿万年之后，这些动植物的尸体在压力作用下变成石油、煤炭或天然气矿床。

化石能源的推动

正因为高效、轻便的能源的发现和利用，人类才步入了辉煌的现代文明。从19世纪开始，化石能源提供了人类创造财富所需要的几乎全部能量，完成了工业化，开启了信息化的大门，实现了人类历史上史无前例的飞跃发展。

化石能源的形成

在地球的历史中，有几个成煤和成油的重要时期。以煤炭的形成为例，在已探明的储量中，石炭纪占41.3%，二叠纪占9.9%，白垩纪占16.8%，侏罗纪占8.1%，第三纪占23.6%以及少量其他时期。

每个地质时代的海量动植物可能死去，可能消失，可能变得一点也不像原来的样子，但仍然保留着曾经储存的能量。石油和天然气极易燃烧，并释放出大量能量。动植物的尸体埋藏在地底，经长时间的压缩作用，转换成更高效、更轻便的能量形式。如果将旧式蒸汽机与现代机动车进行对比，你会发现，产生同样的机械能，需要燃烧的石油体积远远小于木材。所以，化石燃料比木材有更大的能量密度。

化石能源的枯竭

虽然化石燃料的产生经历了几十亿年的漫长时间，但是人类正在做一件事，就是在几百年内把它们全部烧完。目前每年消耗的化石燃料超过100亿吨油当量（1吨油当量 = 燃烧1吨石油获得的能量）。按照这样的速度，到2052年，地球上探明的石油将用完，而天然气和煤炭也分别将于2060年和2088年用完。

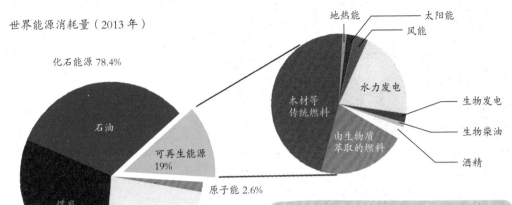

世界能源消耗量（2013 年）

化石能源 78.4%

石油

煤炭

天然气

可再生能源 19%

原子能 2.6%

地热能 太阳能 风能

水力发电

生物发电

生物柴油

酒精

木材等传统燃料

由生物质萃取的燃料

燃料的能量密度（百万焦耳 / 千克）	
氘氚聚变	337,000,000
浓缩铀	3,456,000
液氢	141
天然气	54
汽油	47
煤	32
木材	21

世界人均能源消耗量

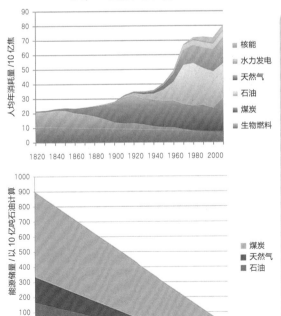

灾难边缘

经过几百年的尽情燃烧，化石燃料将以二氧化碳的形式，释放出亿万年来生物逐渐存储和长期禁锢的碳元素。二氧化碳的过量排放，将会摧毁地球赐予人类的宜居的气候格局，将人类推向灾难的边缘。

新能源的开发

开发新的能源和新的能量利用方式并不是一件容易的事情。新能源必须有足够大的能量密度，新的能量利用方式必须有足够高的能量转换效率，大规模向社会各行各业推广的设施成本也是关键。在此之前，人类将不得不依赖地球上仅剩的化石燃料储备。如果人类能理智地利用这些能源，就能争取到足够的时间，在化石燃料用完之前开发出新的能源和新的能量利用方式。

为什么建筑需要节能

Q1 煤对环境有什么影响？

煤是地球上存储量最大的化石能源。煤也是最常见的民用能源。然而，煤的功过，却有待评说。

煤对环境有什么影响？

Q_1

供暖方式

北方住房集中供暖的主要形式，是用各种锅炉对水进行加热，当水加热到合适温度后，通过管道输送，将热水供应到各个散热末端，以此来达到供暖的目的。

然而，几十年来，大多数锅炉以煤作为燃料，造成了很严重的环境污染。

环境影响

北方地区持续出现的雾霾天气，主要是由空气中的微小颗粒集聚加上空气流动性差引起的。从观测资料看，与燃煤排放直接相关的有机物、硫酸盐、黑炭等物质，是 PM2.5 的主要成分，也证明了煤炭燃烧，特别是城乡接合部与广大农村地区的原煤散烧，是华北地区大范围空气污染的主要来源。

曾经，中国各大城市的空气质量指数已经到了一个高点，当供暖季来临时，激增的污染源导致接二连三的雾霾袭城。东北地区 2015 年 11 月 8 日的 PM2.5 浓度一度达到 1157 微克 / 立方米，局部地区雾霾指数甚至一度突破 1400 微克 / 立方米。

当时的一份调查报告指出，燃煤取暖导致中国北方的空气污染程度比南方高 46%。

节能房

我们能在保证室内温度的前提下减少烧煤量吗？或者说，我们能保证在适宜的室内环境的前提下减少能耗吗？冬天住得温暖，夏天住得凉爽，有新鲜的空气、充足的阳光，同时减少使用带来污染的燃料，少消耗不可再生的化石能源。这就是本书要探讨的主角——节能房。

老祖宗留给我们的节能灵感

Q1 先人用什么天然材料造房？

Q2 先人还用了哪些材料和结构造房？

14

传统民居

世界各地的传统民居之所以风格各异，除了跟文化习俗有关，更重要的原因在于当地的气候条件和地理因素。古代虽然没有节能房的概念，但是为了居住舒适，传统民居利用自然资源，通过对房屋朝向、形状的合理设计，达到了一定的节能效果。这些我们今天仍可借鉴的设计被称为"被动式节能房"。

先人用什么天然材料造房？

Q1

天然材料保证冬暖夏凉

黏土

在科技和交通都不发达的时代，利用当地盛产的自然材料建造房屋，即使废弃也不会对环境造成负担，而且没有现代的交通运输产生的能耗。在黄土高原上，当地人直接在黄土形成的壁崖上挖洞，再在洞内用砖或石头砌成墙，抹上黏土，防止坍塌。黏土的热惰性好，热透射率低，能够很好地储存热量。依山而建的窑洞，就像穿了一件厚厚的"外套"，冬暖夏凉。最早的窑洞在4000多年前就出现了。

蚝壳

珠江三角洲临海，历史上以蚝为食。当地人用蚝壳作为主要建筑材料，以蚝壳灰、石灰、糯米饭、糖等春捣而成的灰浆作为黏结物，造起了一堵堵"蚝壳墙"。凹凸的蚝壳像百叶，在强烈阳光的照射下，在外墙上投下大片阴影，起到了遮阳效果，节材节能又美观。

先人还用了哪些材料和结构造房？

石灰石

特鲁洛是意大利南部普利亚地区常见的一种民居，被列入了联合国教科文组织世界遗产名录。特鲁洛是史前建筑技术中无灰泥建筑技术的典型代表。从附近地区采集来的石灰石经粗糙堆砌，撑起金字塔形、圆锥形或球状的屋顶。

草皮

17—18世纪，由于大量砍伐森林，北欧木材告急，冰岛人于是把目光转向了草皮。冰岛气候潮湿，有大片草原，草原上的禾草根部厚而强劲，能够维系住泥土而不至流失。人们把草皮切成方块，做成草皮砖，铺在木结构的房顶上，并用草皮砖垒墙。这种会"呼吸"和"生长"的房顶和墙不但具有很好的保暖效果，而且透气性也不错。

传统的冰岛农庄多由几座小草皮屋组成，用一条走廊相连。这条走廊是进出农庄的通道，中间设置火塘，作为客厅和厨房。卧室建在离大门最远的地方，这样，室外的冷空气先在客厅里被"暖过身"才进入卧室，卧室里也就没那么冷了。

修建草皮屋的窍门

修建草皮屋的关键在于房顶的角度：太平，会导致雨水堆积，房顶因无法承受雨水的压力而坍塌；太陡，雨水流失过快，会导致禾草枯死。

利用结构设计巧妙通风

印度尼西亚的传统民居采用大而高的屋顶，不仅阴凉，还能阻止热空气直接侵入。房顶陡峭，使雨水快速流过。房屋建在木柱之上，既可以避免潮湿，又能良好通风，带走房间底部的热气。图中这种吊脚楼在东南亚地区和中国西南部都很常见。

利用天然物质隔热

土壤是一种热惰性很好的建筑材料，图中为云南哈尼族的传统"蘑菇房"。墙体用生土或土坯砌成，约有半米厚。据测试，这种房屋夏天时的室内温度比室外低 5~7℃。房顶厚厚的茅草同样起到了很好的隔热作用。

空气本身是一种性能良好的隔热材料。在冬季严寒而又漫长的中国东北黑龙江，有的民居会在房屋的北面设置贮藏间或隔间，除了提供堆放杂物的空间，也在北外墙与居住空间之间形成空气层以防寒保暖。老式民居屋顶和房间之间的空气层，在北方能够缓冲冷空气的直接侵入，在南方则能抵挡日照产生的热空气。

干旱炎热地区的传统民居

在炎热干燥的沙漠地区，建筑物之间的距离非常近，以保证房屋能相互遮阴，街道也置于建筑物的阴影中。房屋通常是多层的。一楼为起居室，白天日照强烈时，由于上层建筑的抵挡，这里温度最低，人们就在这里活动，晚上降温后则可到二楼歇息入睡。能够储存热量和水分的石头，在寒冷地区和昼夜温差大而干燥的地区，是常见的建筑材料。这类房子的墙体比屋顶高，墙上的开口对着风向，便于把风引入内院。在室内或院子里设置水塘，摆放水罐，可起到降温、加湿的作用。

天上和地下的绿色能源

Q1 太阳能热水器如何工作？

Q2 太阳能光伏在生活中有哪些应用？

Q3 什么是可利用的地热能源？

18

太阳能是指太阳的辐射能量，是地球上光和热的源泉。现代科技所说的太阳能利用，是指利用太阳能发电或者为热水器、暖气提供能源。

太阳能热水器如何工作？

Q1

太阳能光热

应用

我们在冬天晒太阳、晒棉被都是对太阳能光热的利用。现代的太阳能光热应用是将阳光聚集起来，利用其能量加热水，产生蒸汽，然后利用蒸汽发电。例如，建造海上太阳能船舶时，让反射的阳光自动聚集到甲板的中央，加热锅炉里的水，产生高温高压蒸汽，推动发电机发电。

光热转换

太阳能热水器实际上是一种光热转换器，区别于传统的自然利用（如晾晒、采光），它主要应用了两项关键技术：黑体和真空绝热。

太阳能热水器中的真空管分两层，其内层与外层间抽成真空。这有点像保温瓶，不同的

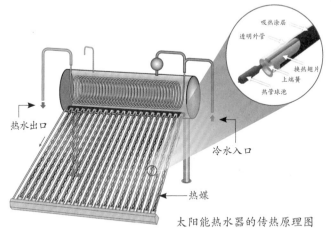

太阳能热水器的传热原理图

吸热涂层
透明外管
换热翅片
上端簧
热管球泡

热水出口
冷水入口
热媒

是其内层外表涂的是黑体材料（黑色吸热层，如黑铬镀层或黑色涂漆），具有很好的吸热能力，可以吸收辐射在它上面 95% 以上的太阳能。黑体材料经光线照射后，会吸收光能转化为热能，再传给中间铜管中的热媒，使热媒的温度升高。

被加热的热媒沿着铜管往上进入保温储水桶，把热量传给桶内的水，使储水桶内的水不断加热。

太阳能光伏在生活中有哪些应用？

Q2

1954年，贝尔实验室制成了转化效率为6%的光伏电池。2010年，太阳能光伏已在全世界上百个国家投入使用。

使用太阳能光伏材料取代传统建筑材料，屋顶、外墙甚至半透明的玻璃窗，都可以包覆太阳能板，使建筑物本身成为一个大的能量来源。

太阳能光伏

太阳能光伏发电系统，也称"光生伏特"，简称"光伏"。这种类似魔方的装置，吸收太阳光热产生直流电，把光能转化成电能。

光伏系统可为房屋提供照明，甚至为飞机、汽车、轮船提供动能。

依附建筑的光伏方阵

光伏方阵依附于建筑是将已经封装好的光伏方阵覆于建筑物上，建筑物成为光伏方阵载体，起支承作用。

英国曼彻斯特CIS大楼，外覆价值550万英镑的光伏太阳能板

光伏方阵与建筑的集成

西班牙带有装饰性的光伏一体化房屋

光伏组件以建筑材料的形式出现，成为建筑不可分割的一部分，如光电瓦屋顶、光电幕墙和光电采光顶等。因为在设计阶段就有考量，所以发电率、设计外观俱佳，这种形式最大的好处是太阳能板成本可以摊入建筑材料，安装成本也可以算进建筑工程，从而降低使用太阳能板的成本。

从2004年开始，接入电网的光伏发电量以年均60%的速度增长，是当前发展速度最快的新能源。中国是全世界太阳能光伏发展速度最快的国家。2015年，中国的太阳能光伏装置量为430亿瓦，居世界首位。

20

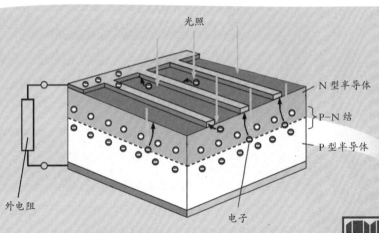

光照

N 型半导体

P-N 结

P 型半导体

外电阻

电子

光伏原理

　　掺有极微量硼原子（硼原子的外层有3 个电子）的半导体单晶硅叫作"P 型半导体"，而掺有磷原子（磷原子的外层有 5个电子）的半导体单晶硅叫作"N 型半导体"。将一片 P 型半导体薄片放在高温的磷蒸汽中，由于磷的渗入，这个半导体上表面的薄层转变为 N 型。新的 N 型和原来的 P 型有一个交界，叫作"P－N 结"。由于两边自由电子浓度不同会导致扩散，所以在 P－N 结的 N 型这边，集结了很多正电荷（就是失去 1 个电子的硅原子晶格，也叫"空穴"），而 P 型这边，集结了很多负电荷（电子）。如果没有外来干预，正负电荷就静静地待在 P－N 结两边。

　　当光照在 P－N 结上时，光子会将电子从硅晶格里打出来，电子受 N 边集结的正电荷吸引，流向 N 边。若将电极贴在 P－N 结两边并用外导线连接，这些流动的电子就会从 N 电极通过外导线流向 P 电极，从而在外电路中产生电流。

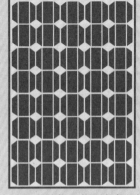

众多 P–N 结形成了太阳能光伏板

房顶上的太阳能光伏方阵

什么是可利用的地热能源?

开掘地下的绿色能源

唐朝诗人白居易的《长恨歌》里写道："春寒赐浴华清池,温泉水滑洗凝脂。"这个"华清池"就是利用地热能源的一个例子。

地球的温度

地球每一层的温度极为不同。地表以下平均每下降100米,温度就升高3℃。在地热异常区,温度随深度变化增加得更快。根据资料推断,地壳底部和地幔上部的温度约为600℃,地核约为4000~5000℃。

能量的来源

地球内部的热量是从哪里来的呢?一般认为,是由于地球所含的放射性元素的衰变产生的。有人估计,在地球的历史中,地球内部由于放射性元素衰变而产生的热量,平均每年有5万亿亿卡(1卡=4.18焦)——这是多么巨大的热源啊! 1981年8月,联合国新能源会议在肯尼亚首都内罗毕召开,据会议技术报告介绍,全球潜在的地下热能总量约为全球其他能源总量的45万倍,约为煤全部燃烧所放出热能的1.7亿倍。

地球的构造

地球就像是一个半熟的鸡蛋,主要分为三层。地球的外表相当于蛋壳。这部分叫作"地壳",厚度从几千米到70千米不等,其中大陆壳较厚,海洋壳较薄。地壳的下面是中间层,相当于鸡蛋白,也叫"地幔"。它主要是由熔融状态的岩浆构成的,厚度约为2900千米。地球的内部相当于蛋黄的部分叫作"地核"。

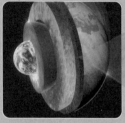

地热发电厂利用的地热资源是浅层地热,来源于地球的地壳

在地热资源丰富的冰岛,这样的地热发电站随处可见

地热发电

现代科技可用地热发电，其原理跟火力发电相同：利用地底高热加热地下水，使其形成蒸汽，推动涡轮机发电。比起火力发电，地热发电不产生环境污染，也不消耗不可再生能源，非常环保。

不过，要使水变成蒸汽，需要高温热能，取热井必须挖得很深，这对技术和投资的要求都很高。

地热的采集

我们可以把地热采集系统看成一个会使"寒冰烈火掌"的高手。地下管道是他的丹田，热泵是他的双手。夏天，他使出"寒冰掌"；冬天，他使出"烈火掌"。

水井对地热的应用

家里有水井的人都有体会，冬天水井里的水比寒冷的空气要暖和得多。这是因为在地表以下，有一个几百米深的恒温区。这里的温度平均为15℃左右，因地区及地质条件不同而略有差别。将这些温度恒定而非高温的热能采集后，输入到一种叫作"热泵"的特殊装置，热泵里的冷凝剂（沸点很低，可以在-20℃沸腾）会因为这些热能蒸发成气体。当热泵中的压缩机将气体进一步压缩后，温度可以升高到60℃以上，从而加热室内水箱里的水。

正如水井里的水冬暖夏凉一样，利用地下恒温区的水不仅可以在冬天取暖，也可以在夏天降温纳凉。这时候只要把热泵的一个阀门反转过来，就能起到冰箱的作用。

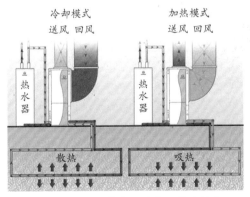

利用地下恒温区在冬天供热、夏天供冷

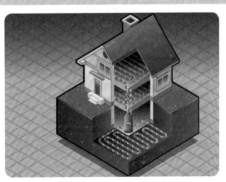

地热供暖系统剖面图

建筑材料的热性能

Q2 建筑材料有哪些创新？

Q1 人类早期的建筑材料是什么？

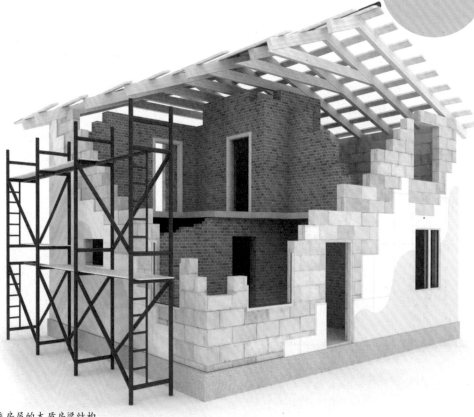

传统房屋的木质房梁结构

24

在科技不发达的时候，人们要建造遮风挡雨的居所，就只能就地取材。其中最常见且至今仍在普遍使用的建筑材料要数木材。

木材的应用 ☒

木材储量丰富，可再生，又具有良好的抗拉、抗压性能，是建筑材料中的佼佼者，特别适合用作梁柱结构的支撑件。更重要的是，木材热惰性好，保温性能也比较好，因此被广泛应用于节能建筑中。

木材的比热容 ☒

由于木材具有多孔性，其导热率相对较低，保温性能良好，是理想的外墙结构。木材的比热容取决于木材的密度、含水率、温度及纹理方向。赤松与云杉在0~100℃范围内的平均比热容为2300J/(kg·℃)。由于水的比热容大于木材的比热容，所以木材的比热容随含水率的增加而增大。

砖

人类很早之前就开始用黏土砖来修建房子，考古学家发现的最早的砖存在于公元前7500年。直到现在，砖仍然是最常见的建筑材料之一，多用于砌筑建筑物的墙体。

黏土砖的体积

在0~1000℃范围内，黏土砖的体积随温度的升高均匀膨胀。当温度超过1200℃后，黏土砖中低熔点的物质逐渐熔化，颗粒受表面张力作用而互相靠得很紧，从而使体积收缩。

黏土砖

黏土砖的矿物组成主要是高岭石和6%~7%的杂质（钾、钠、钙、钛、铁等的氧化物）。黏土砖的热性能好，耐急冷急热，它的耐火度高达1690~1730℃。

建筑材料有哪些创新？

Q2

玻璃

玻璃作为一种透光的建筑材料，被大量用在窗户上。但随着科技的发展，玻璃一改往日易碎的缺点，变得强度极高，这就是安全玻璃。我们常常提到的钢化玻璃是安全玻璃的一种。

钢筋混凝土

钢筋混凝土出现于 19 世纪，它是通过向混凝土中加入钢筋来改善其力学性能的一种复合材料。混凝土是水泥与砂石骨料混合加水后形成的一种胶凝材料。通常有较大的抗压强度，但抗拉强度较小，容易开裂。加入的钢筋刚好提升了抗拉强度，大大增强了整个结构对拉应力的抵抗能力。

比起木材，钢筋混凝土能承受的拉应力和压应力更大，而且具有不可燃、难腐蚀以及使用寿命长等优点。但与一般的固体材料一样，普通钢筋混凝土的热惰性不太好，呈现出热胀冷缩的特性。为了让房屋保温，普通的钢筋混凝土住宅都需要在外墙加一层厚厚的保温层，这就增加了建造成本。而其笨重、搬运架设不方便等缺点也给工程师们带来许多麻烦。

钢筋混凝土架构的现代化写字楼

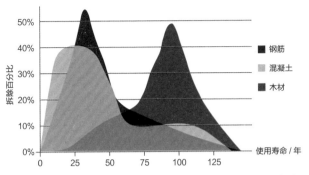

由不同材料建造的建筑物的使用寿命和拆除百分比的关系

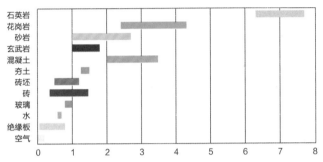

不同建筑材料的热导率 单位：瓦／（米·开尔文）

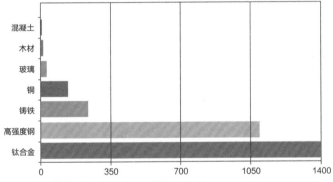

不同建筑材料的抗拉强度 单位：兆帕

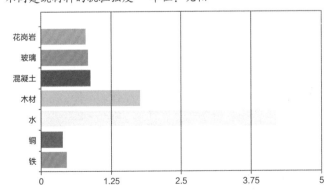

不同建筑材料的比热容 单位：焦／（千克·开尔文）

比尔·盖茨的「零污染」理想

$$CO_2 = P \times S \times E \times C$$

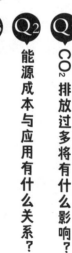

Q1 CO_2 排放过多将有什么影响？

Q2 能源成本与应用有什么关系？

Q3 技术能为能源带来怎样的奇迹？

比尔·盖茨在一次 TED 大会上演讲时，描述了他的理想：到 2020 年，把二氧化碳排放量降低 20%；到 2050 年，降低 80%；再过 20 年，实现零污染。

比尔·盖茨在演讲中使用了一个公式：

$$CO_2 = P \times S \times E \times C$$

这里的 CO_2 指的是二氧化碳总排放量，P 是人口，S 是平均每人享用的服务，E 是每种服务消耗的平均能源，C 是单位能源排出的二氧化碳量。这个公式翻译成中文就是：

二氧化碳总排放量 = 人口 × 生活质量 × 能源 × 单位能源排放的二氧化碳量

CO₂排放过多将有什么影响？

Q1

二氧化碳的魔咒

根据现有的科学知识，二氧化碳是造成全球变暖的元凶。人类的衣食住行、各种服务都要消耗能源，而目前我们使用的主要能源都在产生能量的同时排放二氧化碳。地球上每人每年平均排放 5 吨二氧化碳，而美国人则平均排放 20 吨。全球每年都有几十亿吨的二氧化碳被排放到大气层中。二氧化碳是一种温室气体，过多的二氧化碳会使地球气候变暖。

盖茨说："我好几次就这个议题问过几位顶尖的科学家：我们真的必须将二氧化碳排放量减少到零吗？只降一半或者 1/4 呢？而答案是：直到我们降至零之前，温度还是继续升高。"

从公式等号右边的四个变量看，前三个变量不易降低，能够降低的只有第四个变量 C。

全球变暖将为我们带来什么

气候变暖将会给地球生物带来一系列的灾难。比如：海洋温度升高使海水体积膨胀，导致海平面上升，将淹没沿海低海拔地区。现在全世界有 3/4 的人口居住在离海岸线不足 500 千米的地方，陆地面积缩小会极大地影响人类的居住环境，甚至可能导致战争。

能源成本与应用有什么关系？

产能成本

根据 21 世纪可再生能源政策网络发布的一项"再生能源现状"报告，在德国，褐煤的发电成本是 5 美分 / 千瓦时，而太阳能光伏是 9~16 美分 / 千瓦时，海上风力发电则高达 13~21 美分 / 千瓦时。

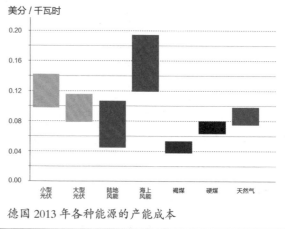

德国 2013 年各种能源的产能成本

应用情况

由于成本的原因，现在能源市场上最主要的还是化石能源。根据相关报告，现在全世界的能源中，有约 78%（2013 年的统计数字）还是来自煤炭、石油、天然气。而由于能源需求量陡增，原油价格上涨，人们仍然不能摆脱对煤炭这种污染最严重的能源的依赖。

让贫困人口采用干净的能源，使地球逃过温室效应的浩劫，固然是大事，但现在更主要的是考虑国家经济能否承受。

你知道什么是干净的能源吗？

不产生二氧化碳的能源就是干净的能源，其中有最负盛名的太阳能，还有地热能、风能等。这些能源似乎最容易获得，而且是取之不尽、用之不竭的。但遗憾的是，在现有的科学技术水平下，这些都是高成本能源。

困难的抉择

盖茨说："一些发达国家，比如美国，能够承受使用清洁能源带来的能源价格上涨，即使价格增至现在的两倍。这将是一场巨大的政治博弈。我也不确定是否真的有哪个国家愿意这么做，但至少这个国家不会因此陷入贫穷。但如果是印度这样的国家，要决定是靠煤炭实现整个国家的电气化，还是遵守温室气体排放规定，大幅削减其电气化程度，将是一个非常困难的抉择。"

低价能源的使用

许多人口密集又相对贫穷的国家，首先要考虑的是如何提高人民的生活质量。而如果想仅仅通过降低一件东西的价格来摆脱贫困，目前能源是最佳选项。人类文明的进步基于能源的发展，煤"点燃"了工业革命，电力的价格在20世纪迅速下降，所以我们才能拥有冰箱、空调，并且能制造先进的材料及诸多东西，也因此我们处于一个有电力的美好的富足的世界。

你房内的照明让你能做家庭作业。然而，世界上很多孩子是没有照明的，因此他们必须到屋外，在路灯下做他们的功课。我们必须使用低价的能源，让全世界的孩子都能享受电力供给。这也意味着全球范围内的二氧化碳排放量将增加。

盖茨认为：如果在P、S、E增加或小幅下降的情况下，实现二氧化碳零排放，只能是C为零。要做到C为零，我们需要一个甚至多个奇迹发生。这些奇迹就是科学技术带来的奇迹。

2014 年世界各国发电量
10 亿千瓦时

这是几个国家的发电量比较，如果将这个数字除以该国家的人口，就可以得到一年里人均分配的电量。图中的海地，人均每年只有65 千瓦时

31

技术能为能源带来怎样的奇迹？

期待科学技术带来的奇迹

化石能源

首先期待的是化石能源产生的奇迹，就是让石油、煤和天然气少排放二氧化碳。必须在它们燃烧后将二氧化碳从烟中分离，加压液化，并长时间封存。封存非常难，选择这些二氧化碳存放的地点更难，最难的是保证无限期的安全封存。

原子能

其次期待的是原子能。这也存在三个大问题：一是降低成本。在对原子能严格管制的国家，原子能的成本是很高的。二是保证安全。生产时要安全，遇到自然灾害时能够自保，还要保证核燃料不用于武器。三是处理废料。核废料是半衰期很长的放射性物质，需要封存长达 10 万年之久。

降低清洁能源的成本

第三个期待是降低清洁能源的成本。清洁能源虽然不需要燃料，但能量密度远小于化石能源。这种能源的电厂，面积数千倍于常规电厂。还有能源贮存问题，全球现有的全部电池仅能储存全世界不到 10 分钟的消耗量。

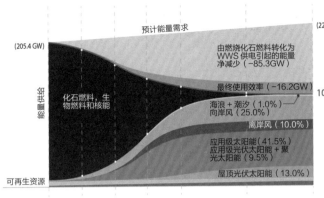

海浪＋潮汐（1.0%）
向岸风（25.0%）

预计能量需求

(205.4 GW)

由燃烧化石燃料转化为WWS供电引起的能量净减少（－85.3GW）

最终使用效率（－16.2GW）

(229.3 GW)

100% (127.8 GW)

化石燃料，生物燃料和核能

海浪＋潮汐（1.0%）
向岸风（25.0%）
离岸风（10.0%）

应用级太阳能（41.5%）
应用级光伏太阳能＋聚光太阳能（9.5%）

屋顶光伏太阳能（13.0%）

能量供给

可再生资源

| 2010 (4.6%) | 2015* (9%±) | 2020* (20%±) | 2025* (50%±) | 2030 (80%±) | 2040 (95%±) | 2050 (100%) |

愿景中的美国加利福尼亚州到2050年需要229GW的电能。由于各种提高能量效率的节能措施，使电能节省了101GW，所以最终只需要128GW的电能，这些电能全部由可再生能源提供（GW：10亿瓦）

盖茨参与投资创立的泰拉能源于几年前宣布与中国核工业集团公司合作，开发一种叫作"行波堆"的原子核发电反应堆。这是盖茨所期待的"变零"奇迹之一。

改变能源结构和节能将同时进行。美国斯坦福大学的科学家开展了一项研究：为美国加利福尼亚州到2050年告别化石能源，实现100%可再生能源做出规划。根据该州的地理位置和自然资源，画出了如上图的愿景，其中可节约的电能占总需求的比例达到44%。

盖茨呼吁：我们急需更多的研究经费，当许多国家的谈判代表聚集在某处，如哥本哈根时，他们不该只讨论二氧化碳，他们应该更多地讨论造就这些科学奇迹的经费。他呼吁政府和有钱人都拿出钱来，尽快把公式中的"C"降到零。

行波堆

这是一种新型核反应堆技术，可以把现在的核废料当燃料用。一旦装好燃料，就可以在封闭的反应器内连续运行40年以上，而且排出的是低污染的废料。如果"吃"进去的是核废料，"产"出来的是无污染能源，那就是一举两得。

房间里的节能小精灵

34

节能小精灵——从谷歌收购 Nest 说起

几年前，谷歌公司以 32 亿美元的价格收购了一家名不见经传的小公司 Nest，令业界大跌眼镜。

Nest可以应用于哪些场景？

Q1

Nest
Nest 致力于开发生产一种智能的室内温度控制设备，包括温度传感器、棋子般的控制器以及连接到互联网的一个数据中心。

智能的小管家 ☒

Nest 是个智能的小管家。它可以根据传感器和平时收集到的数据，知道家里有没有人；同时，因为数据中心和互联网连接，能够得到天气信息，智能小管家可以非常聪明地据此调控房间的温度；它甚至可以根据平时的升温速度和房间的大小，计算出达到温控效果所需的时间，然后在主人回家打开门的时候，送上一份恰到好处的温暖。

这么聪明的小管家，在未来家庭的智能化管理中扮演着重要的角色。

节能小精灵

Wizard，俗称"小精灵"，是一种实用的交互式程序，它能够提供有帮助的信息，一步步引导用户，并在这一过程中做深入细致的解释。从这个意义上，Nest 可以被看作是一个智能的节能小精灵。

Nest 侦测到没人在家时，就会自动关闭空调。Nest 还会摸索主人的生活习惯，根据习惯进行温控编排。Nest 还可以被远程控制，比如在某一个特别寒冷的冬日，你比以往早下班，就可以使用手机在办公室遥控 Nest，让它提前开启暖气

当下我们可以通过哪些方式节能？

Q2

节水小精灵——从谷歌董事会主席的一次洗澡说起

谷歌董事会主席埃里克·施密特曾应邀去硅谷一家只有几个人的小公司参观，行程中主要的事情就是洗澡——体验该公司开发的一种淋浴喷头。整个淋浴体验对施密特来说就像漫步云端。被这家小公司邀请来洗过澡的，除了施密特，还有苹果公司的总裁提姆·库克。

火箭技术的应用

这家公司的淋浴喷头有什么特异之处，值得这些业界大佬"一洗难忘"并随后投资呢？原因在于这家公司借鉴了火箭燃料的喷射方式，将水流分割成细小的颗粒，转化为微型水滴，从而增加其表面积，使最终效果更像喷雾，而不是水流。据测试，这种淋浴喷头的用水量为每分钟 2.85 升，而传统淋浴喷头的用水量为每分钟 9.46 升，这将节约近 70% 的水。

硅谷一家公司开发的淋浴喷头

瑞典的一家公司也有一种"高大上"的淋浴。他们将宇航员洗浴水回收利用的理念用于家庭浴室。洗浴水可以在一个闭路系统中，经回收被反复利用。据称，这种装置可以节约90%的洗浴用水。

这两个小精灵，一个利用火箭技术，一个利用航空航天技术，目的都是为了节约家庭用水。

航空航天技术与家庭洗浴装置相结合的概念图

节电小精灵——从美国前总统布什的"一瓦计划"说起

2001年7月31日，美国总统布什签署了第13221号行政令，称为"一瓦计划"，要求联邦政府机构采购的各类商品，待机能耗必须在1瓦以下。那么，这条行政令到底意味着什么呢？

随手关灯，是长期以来宣传的节约用电的好习惯。不过，我们如果仔细分析一下家里的电器和用电情况，就会发现，其实照明用电是现代家庭用电中微不足道的部分。我们的电视机、洗衣机、烘干机、电脑、路由器、烤箱、电炉等的用电量远远超过照明用电。

要节约用电，仅靠随手关灯是远远不够的。而"一瓦计划"就是针对各类电器的节电要求。

这些电器中很多有待机模式。如，你用遥控器关了电视机，其实电视机中还有一部分电路仍然在工作，可以随时接收遥控器发来的指令。

电器待机模式的能耗低于工作模式，但是，如果把一般电器的待机能耗加起来，仍然极为可观。

电器待机被形象地比作能量的"吸血鬼"，在浪费能源的同时造成了巨大的环保压力。

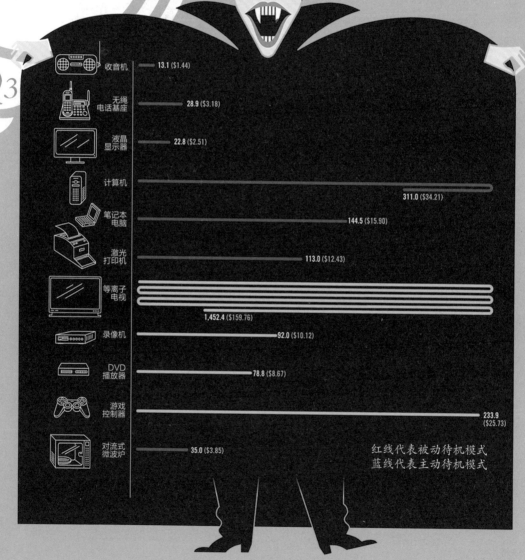

如何应对待机耗能？

Q3

美国每个家庭每年的"吸血鬼"能耗。图中括号外的数字和括号内的数字分别代表了在待机模式下电器每年消耗的电量（单位：千瓦时）和因此带来的经济损失（单位：美元）

收音机	13.1 ($1.44)
无绳电话基座	28.9 ($3.18)
液晶显示器	22.8 ($2.51)
计算机	311.0 ($34.21)
笔记本电脑	144.5 ($15.90)
激光打印机	113.0 ($12.43)
等离子电视	1,452.4 ($159.76)
录像机	92.0 ($10.12)
DVD播放器	78.8 ($8.67)
游戏控制器	233.9 ($25.73)
对流式微波炉	35.0 ($3.85)

红线代表被动待机模式
蓝线代表主动待机模式

待机耗能

一部无绳电话机每年的待机能耗是 28.9 千瓦时，一台计算机每年的待机能耗是 311 千瓦时，一台笔记本电脑每年的待机能耗是 144.5 千瓦时。收音机、液晶显示器、激光打印机、录像机、DVD 播放器、游戏机、微波炉、电动牙刷等，都有待机能耗。

美国在 2015 年统计的待机能耗总花费为 190 亿美元，平均每个家庭每年 165 美元，消耗的总电能相当于 50 座大型发电站一年的发电量！

各国节能规定

为了降低家电的待机能耗，各国纷纷出台了规定。

美国环保署和美国能源部在 20 世纪就已启动"能源之星"计划，规定了待机功率的上限：

★电视机和音频产品，1 瓦；

★路由器，2 瓦；

★瘦客户机（小型商业 PC），2 瓦；

★小于 30 英寸（1 英寸 =2.54 厘米）的显示器，1 瓦；

★ 30 英寸及以上的显示器，2 瓦；

★复印机、打印机、传真机、扫描仪等多功能设备，1 瓦。

中国规定平板电视机的待机能耗要小于 0.5 瓦，由此可以看出中国在降低能耗上的努力。

当然，减少待机能耗，也只是减少，并没有消除。只有彻底关机，或者拔掉插头，才算真正的节约用电。我们在"随手关灯"的习惯之外，应该还要加上"随手关机、拔插头"。

Q1 如何节约用水?

Q2 如何节约用电?

节水考察

用水分析 ☒

　　每个家庭的用水量每月由水表计算，中国以立方米（1 立方米 =1000 升）为用水量的单位。不过，水表显示的是总数，要想知道家里哪个地方用水多少，你可以利用新型的家庭智能水表（计算每个通道的用水量，然后传递给控制中心），也可以通过家庭基本设施的容量进行大概判断。

　　然后把这些数据记录下来。

如何省水

　　你估算出的用水总量和水表显示的用量可能会有一定偏差，你要看看这些偏差是计算造成的，还是有你没注意到的地方。

　　水管漏水可能是一个原因。你可以在睡觉前读一下水表的度数，早上起来再读一次，看看有没有变化。当然，前提是在此期间，家里没有人用过水。如果有偏差，就说明存在漏水的情况，要逐一排查马桶、水龙头和水管。管道漏水的话，你可联系物业，一起解决问题。

　　省水的关键是改变用水方式。比如，使用分段式马桶，对水进行二次利用。用洗脸池、洗衣机、洗澡盆和淋浴的废水冲马桶也是一种非常有效的节水方法。

　　为了便于回收水，一些地区有收集雨水的装置：屋檐、地面的水被引流到地下的水箱，经过滤处理后，用于洗衣、洗车和灌溉等。

统计洗澡和洗菜用水

　　评估其他用水，比如洗澡和洗菜用水，你可以用定量的水桶或水盆（量出直径和高，用体积公式计算出容量）接水，计算接了多少桶（盆）水，乘以容量，就知道大概的用水量了。

如何节约用电？

Q2

用电分析 ✕

你可以用分析用水的方法对家里电器的用电情况进行一次调查。查看电器的标签、说明书或者记下电器型号，搜索相关介绍，获得使用时（工作状态下）的平均功率和待机功率信息。有的电器会标注额定功率或消耗功率，比如，等离子电视的功率受发光次数和亮度的影响很大，额定功率指的是正常使用中的最大功率。如果找不到平均功率的信息，也可以用消耗功率替代。

把这些信息登记在一个表格中。同时记录使用时间和待机时间。

电器	平均功率	用电时长	用电量	待机功率	待机时长	用电量
电视机						
冰箱						
空调						
……						

功率	能量从一种形式转化为另一种形式的速率。对于电器来说，是指它消耗电能的速率。功率越大，消耗电能的速率越快。单位为瓦（W）
耗电量	电器消耗的电能。单位为千瓦时（kW·h）。耗电量 = 电器功率（kW）× 使用时间（h）

除了一些常规电器，我们别忘了电饭煲、微波炉、电热壶、吹风机、面包机等家用小电器。

为了精确测算，你还可以使用功率计或瓦特计（注意用电安全）。带插座的功率计可以直接计算插头另一端电器的功率。

手机也可以统计耗电量吗

对于像手机这样需要充电才能使用的电器，你可以通过充电器的功率和充满电需要的时间来间接计算。充电设备日耗电量 = 充电器耗电量 / 平均使用天数。

如何省电

✕

看看关掉不必要的待机电器，可以省下多少电。一些调查发现，一台 36 寸的液晶电视机正常使用的功率是 120 瓦，待机状态下的功率是 1 瓦，待机 5 天差不多等于开机 1 小时。还有热水器，你可计算一下，烧热一桶水需要消耗多少电量，而保温又消耗多少电量。知道结果后，你可以做一个权衡，是彻底关掉热水器，还是让它保持保温状态。

对于要一直通电的设备，比如冰箱，你要注意冰箱门是否关好。另外，要及时除霜。霜会阻碍冰箱里的空气与制冷管周围的冷空气的热交换。

此外，你还可以考虑每个房间是否都需要大瓦数的电灯照明，选择一些节能灯泡也可以帮你省电。

热量考察

除了水电，还有一项你可能容易忽视的，就是房子的保温效果。如果你感到房间漏风，这显然会影响空调或是暖气的使用效果。门和窗是房屋内外热交换的主要通道，你需要首先考察这两个地方的密闭程度。基本的隔热措施就是更换双层玻璃，用玻璃胶或隔热胶堵住缝隙。如果考虑装修，你可以将门框安装在外墙的隔热层内。你可能还会发现别的地方存在缝隙，可想想用什么办法能及时处理。

不断探索的
正能量绿色建筑

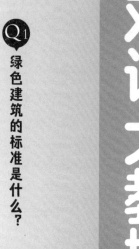

何为绿色建筑

——小建筑迷对话大教授

Q1 绿色建筑的标准是什么？

Q2 古代建筑符合绿色建筑标准吗？

Q3 什么是天然绿色建筑材料？

在中国建筑设计领域，大概没有人不知道宋晔皓教授。"70后"的他已经是清华大学建筑学院教授，主攻可持续性建筑设计和理论研究，他的设计和论文在国内外获得过无数奖项。

宋教授收了一位"00后"小徒弟——当时只有8岁的三年级小学生崔皓羽。受父母影响，皓羽从小热爱建筑设计，喜欢摆弄建筑模型。虽然年纪小，但他对建筑设计的相关知识却比许多大人懂得都多。

崔皓羽 在不同的地方，绿色建筑的标准一样吗？

宋教授 符合绿色建筑标准的建筑，同很多专家心目中理想的绿色建筑不见得是一回事。很多国家和地区都有自己的标准体系，每种标准体系的组成、对建筑的评定，都不尽相同。例如有的标准是定性的"有无"判断，就是看是否利用了某种技术或者采用了某种材料；有的标准是定量的"好坏"判断，就是看某种建筑的具体表现——能效高，就得高分；能效低，就得低分。

绿色建筑的标准是什么？

Q1

建筑学教授宋晔皓

什么样的建筑才算是绿色建筑

中国的绿色建筑，如果用简单的几个词来描述，那就是四节、环保、健康、舒适。所谓四节，是指节水、节地、节能、节材；环保是指对环境友好，没有不利于环境的排放和影响；健康、舒适则是指有利于建筑使用者的健康，让使用者感到舒适。

小建筑迷崔皓羽

古代建筑符合绿色建筑标准吗？

崔皓羽（中国）古代建筑有没有符合现在的绿色建筑标准的？

宋教授 这个问题问得太棒了，这体现了时间差异带来的概念、标准和思考的差异。

实际上，用现代的标准去衡量古代建筑是不公平的。首先，古代建筑没有电力供应及现代设备；其次，很多现代强调的指标在古代没那么重要，甚至是不存在的，比如容积率、绿化率；另外，古代也没有对舒适度的定量研究和随之而来的标准。因此，从严格意义上讲，古代没有符合现代标准的绿色建筑。

但是，古代建筑有很多优势是现代建筑不能比拟的，比如，因为没有功能强大的现代设备来对抗大自然的气候变化，所以古代的房子与自然气候变化的节拍更吻合。只是所节省的能量都缺乏定量测量。

传统房子如何适应气候

很多传统房子的气候适应性非常好，比如窑洞。窑洞是覆土建筑，上面有很厚的土，冬暖夏凉。另外，通过建筑布局可以达到节地节能的目的。比如江浙、徽州一带的内天井、四水归堂，可以将雨水回收、利用；再比如江南的蟹眼天井，通过后院的白色墙壁反射日光，以供书房采光。

崔皓羽 怎样才能让一座不够绿色的建筑变成绿色建筑？要花很多钱吗？怎么做到让改造的过程也是绿色的呢？

宋教授 首先要看建筑哪里不够绿色。比如：冬天采暖的能耗太高？夏天制冷的能耗太高？或者材料不环保？举个例子：目前中国建筑普遍存在的一个问题是能耗高，能效低，即能量耗费不少，但并没有全部发挥应有的作用。解决的方法，可以是对设备本身进行改造，提高效率，也可以是对围护结构进行改造，让建筑室内外的热交换大大减少，或者增加蓄热材料等。

改造肯定要花钱，具体多少要看房子的具体情况和存在的问题。

改造过程是否绿色，涉及绿色施工问题。这都是发生在我们身边的事，做起来并不复杂。比如不起尘埃：运输的汽车出工地时在沉降池用水冲一下车轮和底板，不要将泥巴带到街道上；所有的物料都要用网或其他覆盖物盖好，保证起风的时候不扬尘。

崔皓羽 房屋用大理石装饰很漂亮，大理石算不算天然材料？它的开采、加工过程是否环保？

宋教授 大理石算天然材料，石材、花岗岩、木材、竹子等都是天然材料。

至于开采、加工过程是否环保，取决于技术水准。如果能做到开采工艺高超，精度良好，不浪费材料，不产生污染，就在不环保的基础上做到了相对的环保。

江南天井

什么是天然绿色建筑材料？

崔皓羽 大自然里有很多树，哪一种或者哪一些木头是适合建造房屋的？我们总说要植树造林，绿化环境，如果把树都砍去盖房子了，那是不是在破坏环境呢？

宋教授 客观地说，各种木头都适合盖房子。砍树盖房是否破坏环境，不是树可不可以砍伐，而是怎么组织砍伐的问题。最好的办法就是种植和砍伐产业化，合理的种植和砍伐可以维持森林的可持续发展。

崔皓羽 房屋的建造也会产生污染，有没有能耗少又效率高的建造方式？

宋教授 比如装配式，就符合这个要求。现场施工要做到绿色，实施起来是不大容易的，但是装配可以解决这个问题。目前主要的装配体系有三种：一种是预制混凝土；一种是钢结构，通过焊接、冲压等技术组装；还有一种是木质结构。工人们在干净的厂房加工建筑构件，效率高很多，施工误差更小。

天然材料一定符合绿色建筑材料标准吗？

天然材料不一定符合绿色建筑材料标准，比如石材，特别是斑斓的石材，可能含有放射性元素，有辐射的风险。

符合绿色标准的天然材料太多了，如木材、竹子、泥土等。其中，木材、竹子不但环保，而且是可再生的很好的建筑材料。

崔皓羽 目前，中国绿色建筑的发展水平如何？有没有已经建成的示范性建筑？

宋教授 中国由政府主导推进绿色建筑，所以发展水平还是很高的。从我个人的执业经验来说，很多很棒的示范性绿色建筑已经建成了，如北京动物园水禽馆、贵安新区清益斋，这些都是我带着团队完成的可持续性研究实验项目。它们最大的特点是把建筑学和建筑技术融合在一起。通俗地说，就是对建筑形式、材料的关注与对建筑技术的关注并重，甚至以建筑技术作为统领，力图创造建筑的新范式。

宋晔皓教授主持设计的北京动物园水禽馆，是中国首个零碳绿色项目。该水禽馆的零能耗技术体系是：建筑的外墙采用双表皮系统，内表皮为轻质保温墙体，外表皮为低碳仿木板；与建筑及室外景观结合的雨水收集池有利于加快雨水自然回渗的进程；自带遮阳的天窗在带来充足采光的同时也可以防止过多的辐射热量进入室内；利用烟囱效应，结合风压与热压加快禽舍的自然通风；建筑全年用电能耗由太阳能光伏板提供，地源热泵系统同时进行热补给；采用了无水马桶、XIR超节能玻璃、钢结构等多种新型生态节能的建筑技术

被动式节能的房子

Q1 什么是被动式节能房？

Q2 如何利用阳光和选择材料？

Q3 被动式节能房如何维持恒温？

Q4 热泵的工作原理是什么？

我是一名可持续性建筑师。我的工作就是设计低能耗的节能建筑。

今天邀请你们来是想分享我的一些工作经历。我正在做一个项目,这个项目的核心是一组被称为"被动式节能房"的建筑。

被动式节能房 ☒

"被动式节能房"首先出现在德国,德语叫作 Passivhaus,翻译过来就是"被动式房屋"。这种房子住着舒适,能耗又低,因此广受欢迎,最终遍布欧洲甚至世界的各个角落。

不过,被动式节能房并非特指某种新的建筑物类型,它代表的是一种建筑标准,表达的是对房屋的设计、建造技术和环保方面的要求。任何类型的建筑物,无论外形、结构如何,只要达到这个标准就可以被称为"被动式节能房"。而这个标准的重点就在节能。一栋设计完美的被动式节能房可减少约 90% 的能耗。各国对被动式节能房的能耗要求存在差别。在欧洲,这种建筑的能耗每年不能超过 $15kW \cdot h/m^2$,相当于 1.5 升石油燃烧产生的能量。这通常需要经过精心的设计和构筑,通过优异的保温隔热材料和高效的热回收系统来实现。

全球第一栋被动式节能房,1991年建于德国达姆城

被动式节能房的被动体现在哪里?

被动式节能房之所以被称为"被动式",是因为这些房屋几乎常年都不需要"主动"供暖和制冷,室内气温的调节主要来自"被动式"的能量源,比如太阳光照、人体以及电器发出的热量等。

53

如何利用阳光和选择材料？

Q2

我在设计被动式节能房时，首先考虑的是如何利用太阳光照。

可持续性建筑师都倾向于使房屋的大部分窗户在一天之中尽可能多地接收阳光。受地球运转规律的作用，在北半球，朝南方向的窗户每天接收的太阳光照较多，而南半球的被动式房屋窗户大多是朝向北方的。

窗户的遮阳设备 ✕

冬天，窗户的存在使房屋能利用太阳光照进行自然采暖，而夏天就要考虑光照带来的负面影响。为了达到良好的效果，首先要给窗户配备遮阳设备。同时我还可尝试在设计中加入不同的元素。比如绿色屋顶，在屋顶上种植诸如藤蔓等绿色植物，以减少光照的作用；种植能够遮阴的树木，或在附着于房屋上的垂直花园栽种植物，这样也有助于保持室内凉爽。

窗户能让阳光进入室内，但在夏天，遮阳措施变得很重要

节能房利用植物遮阴

涂料的选择

除了栽种植物，涂料的选择也很重要。在热带气候区，我会选用反光的浅色涂料；而在比较寒冷的气候带，则会选择吸光的深色涂料。

室外灯的电池

室外的灯可利用太阳能电池吸收太阳能，这些太阳能灯白天储存能量，夜间可提供室外所需的大部分光照。

房屋隔热

建筑材料

被动式节能房的最大特点，就是不管什么季节，不管你处于房屋的哪个位置，每个房间都能自动保持相同或相近的温度。这事说起来容易，做起来却没那么简单，最重要的一点就是保证房屋具有非常好的隔热性。为了做到这一点，在设计中，我首先会考虑建筑材料因素。

用木材建造的被动式节能房

我的首选是蓄能材料。蓄能材料指的是能够吸收、储存以及释放热能的材料。这些材料，比如瓷砖、混凝土、岩石或土坯等，密度很大，通常用于修筑地板和墙面，储存热能。合适的建筑材料还有助于保持或削弱光照的作用。

"超级隔热"的应用

除了材料，还有"秘诀"。我还会通过"超级隔热"来提高房屋的隔热性能。"超级隔热"并不是指某种可以保持房屋温度的超级英雄式隔热材料，而是指一系列保持房间温度恒定的技术。这些技术在冬天有助于减少房间热量的散失，在夏天则可避免室外热空气过快进入室内。隔热性能良好的屋顶和墙体对于被动式节能房至关重要。通常，被动式节能房的墙体和房顶都比普通房屋厚，这么做是为了提高它的隔热性能。

隔热材料的选择

隔热材料的选择和使用可由建筑师决定。我们有很长一段时间都是使用泡沫塑料（泡沫聚苯乙烯）作为隔热材料，然而，泡沫塑料由石油提炼物制作而成，需要消耗不可再生资源，而且不可降解，会污染环境。近年来，建筑师们——包括我——已经开始使用其他隔热材料（如秸秆、硅石、羊毛和纤维素等）来建造被动式节能房，若使用量得当，可产生低导热效果。

工人在测量隔热材料的厚度

被动式节能房如何维持恒温？

每栋房子都存在很多暗道，比如电线线路、水管等管道，室内外的空气能够通过这些暗道进出，影响房屋隔热效果。

窗户的隔热 ✕

利用红外探测器对建筑物进行探测。左边的普通房屋向外散发大量热能，隔热效果差，右边的被动式节能房有良好的隔热效果

各类窗户的隔热对于保持恒定的室内温度也有着重要的作用。现在我们一般使用隔热性能很好的三层玻璃窗户，它能减弱外界温度对室内的影响。此外，还可以在窗户的玻璃之间充入氪气，以阻止热能通过玻璃传输。而且，这种玻璃通常带有辐射率低的涂层，也能帮助阻止热量的扩散。由于窗户的窗框隔热性能低于玻璃，节能窗的窗框一般都很窄。有些还可以设计成双重窗户，在两扇窗户之间留出一道空隙，更好地阻止室内外的热量交换。

气流控制

我们平常呼吸、出汗、淋浴等都会增加室内的空气湿度，如果房子不及时通风透气的话，就很可能受潮发霉。

我通常会将自然通风系统与人工通风系统结合。在窗户的设计中通常会设置较小的出路窗和天窗，通过它们使空气产生对流。

我会在房屋内加入通风装置，并利用交叉流动换热器来对气流进行控制，保持室内温度。被动式节能房的通风装置是双向的，除了排气，它还能吸入必需的室外新鲜空气，控制房屋内的气流，并且运作安静，可全天自动换气。我还会给通风装置加装一个热交换系统：在冬天，让室外的低温空气在进入房屋之前获取室内排出废气的热能；而在夏天，室外高温空气则会被排出的废气先降温，使房屋保持适宜的温度。

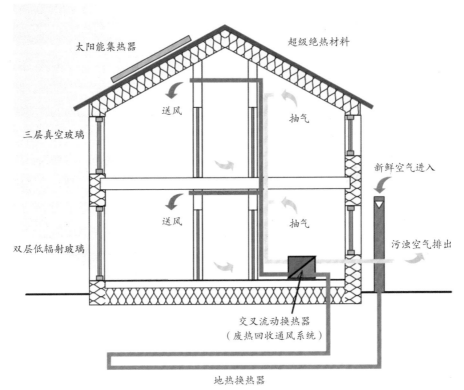

太阳能集热器　　　　　　　　　　　　超级绝热材料

送风　　　　抽气

三层真空玻璃

新鲜空气进入

送风　　　　抽气

双层低辐射玻璃

污浊空气排出

交叉流动换热器
（废热回收通风系统）

地热换热器

室外新鲜空气进入通风装置，经地热换热器加热后由通风管道向室内递送暖风，室内的污浊空气再经管道排向室外，污浊空气流经交叉流动换热器，实现了废热回收

暖气并非必需品

　　事实证明，在隔热性能如此良好的被动式节能房里，即便在冬天非常寒冷的地区，暖气也并非必需品。有人测量过，在冬天没有太阳光照和暖气的情况下，被动式节能房的室内温度与其他季节相比只降低了 0.5℃。

　　这是因为，一座隔热性能绝佳的房子有多个热能来源。我把照明产生的热量考虑在内，然后根据实际情况进行照明设计，这种设计可将照明产生的余热保存在房子里。此外，小家电或者冰箱、洗碗机等大家电散发的热量也可用于保持房内的温度，我将它们也考虑在设计之中。太阳能也是房屋采暖的来源。另外，房子的居民——包括人和动物——散发的热量也有保温作用。我们建造的许多房子还会有一个热回收装置，用于收集上面提到的各种热量，并在需要的时候把它们释放到整栋房屋里。

热泵的工作原理是什么？

Q4

从大气里"榨取"热量——热泵

如果有一种机器，消耗 1 千瓦时的电能，可以获取 3 千瓦时的热能，是不是很划算？这种机器就是热泵。

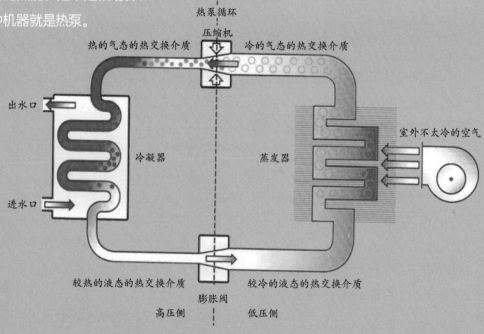

压缩式热泵装置示意图

热泵的工作原理

让我们通过示意图来看看热泵的工作原理:

首先我们看到系统的管道里流动着一种一会儿是液体一会儿又是气体的物质,这是一种特殊的介质,它在常压下沸点很低(−20℃)。在工作温度下,气态的它经受高压时温度上升,放出热量后很快液化,而当压力回到常压时温度下降,它吸收外界的热量后又会很快汽化。

热泵的能量守恒

热泵也可以设计得很酷

接通电源后,风扇开始运转,蒸发器中冷却的液体介质吸收室外不太冷的空气的热量而升温汽化,并被送入压缩机;压缩机将这种低压气体压缩成高温高压气体并送入冷凝器,使冷凝器里的水被加热,介质也在这里被冷凝成液体;该液体经膨胀阀进入粗管道后压力和温度急速下降,并再次流入蒸发器,如此循环工作。冷凝器里的水温逐渐升高,最后达到55℃左右,正好适合人们洗浴。

这个装置是符合能量守恒定律的。例如在装置中,冷凝器的水温上升时所吸收的热量,有相当一部分来自蒸发器中介质从外界空气吸取的热量。真正失去热量的是室外的空气,流经蒸发器的空气温度下降了。

人体热能

人类的身体也可以为居住的房间提供能源。平均每人每天可散发大约100焦的热能。近来,世界各地的建筑设计师都在研究怎样将这种能源纳入建筑设计当中。

有些科学家尝试使用护膝来收集行人散发的热能,他们希望将来有一天,能把行人闲逛时散发的热能利用起来。

荷兰设计师丹·罗斯嘉尔德设计的收集舞者热能的"可持续舞台"

神奇的向阳屋

位于德国的第一座向阳屋

Q1 向阳屋是什么建筑？

Q2 向阳屋如何解决能源供电问题？

Q3 为什么要建造向阳屋？

你是否想象过一栋房子也能像向日葵的花盘一样随着太阳位置的变化而转动呢？

向阳屋是什么建筑？

跟着太阳走

20世纪90年代，生态建筑师罗尔夫·迪施开始了他的建筑仿生生涯，1994年在德国弗莱堡建造了第一座向阳屋。这座建筑能整体旋转，像向日葵的花盘那样追随太阳。正常情况下，向阳屋每小时可旋转15°，面向太阳，吸收能量。

罗尔夫·迪施的向阳屋是一座圆柱形的建筑，共有18面。它的建筑材料主要是木头，房子中心由一根圆柱形的轴支撑，建筑内部所有主要房间之间都存在一个高度差，环绕着中心轴螺旋上升。这些房间既互相连通，又经中心轴内的螺旋形楼梯相接。建筑的底层是固定的，除了安放所有技术装备，还有一个大型会议室。它的中心轴有14米高，房屋的电路装置都设于主轴内。这座向阳屋内建有一间卧室、一间起居室、两间工作室、一个卫生间和一个厨房。

Q1

你知道"向日葵"名字的由来吗？

在白天，这种植物会仰着黄灿灿的大脑袋（即花盘）朝向太阳，随着太阳在天空中位置的变化而改变朝向。这种追随太阳运动轨迹的植物被称为"向阳植物"。

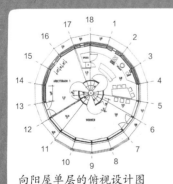

向阳屋单层的俯视设计图

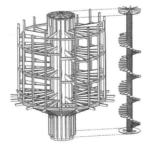

木结构及螺旋形楼梯设计图

中心轴内的传动装置，推动向阳屋跟随太阳转动

向阳屋如何解决能源供电问题？

面向太阳，春暖花开

向阳屋利用太阳能板和特制玻璃，能最大限度地获取太阳能。

向阳屋的正面

向阳屋的正面几乎全部由玻璃建成

向阳屋的正面几乎全部是玻璃墙，会随着一天之中太阳位置的变化改变位置，朝向太阳。

向阳屋正面的玻璃墙由三层玻璃组成，是经过特殊处理的隔热玻璃。天气寒冷时，这种隔热玻璃能够让阳光最大限度地进入室内，提高室内温度，而室内的热量不会轻易流失，因此能节约大量用于取暖的能源。

向阳屋的背面

向阳屋的背面不是玻璃做的，但这面墙也具备良好的隔热性能。冬天，它起到维持室内温度的作用；夏天太阳光照过强时，向阳屋能够通过旋转让后墙面对太阳，起到遮阴的作用。

能源顺差房屋

所谓"能源顺差房屋"，指的是一栋建筑产出的能源要多于自身消耗的能源。

向阳屋的能量来源

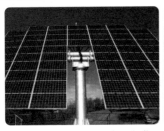
向阳屋屋顶的双轴"太阳帆"

阳台上的太阳能真空收集管

向阳屋自身并不能为屋内的各种电器（如电冰箱）提供正常工作所需的能量。为此，向阳屋的屋顶上铺设了多达 54 平方米的太阳能板。这些巨大的太阳能板垂直呈船帆的形状，一天之内会朝向太阳不断移动，以尽可能多地收集太阳能。太阳能板的旋转比房屋旋转要灵活，并且能独立于向阳屋旋转，因此无论一天之中太阳处于什么位置，太阳能板都能轻易追踪到。

此外，向阳屋被阳台环绕，所有阳台的围栏都安装了太阳能收集装置，总共有 34.5 平方米。这些装置收集的太阳能不仅可以用来加热向阳屋内的用水，还可以为屋内的取暖设备提供能源。

其他节能措施

单凭可旋转的房屋和可移动的帆型太阳能板收集的太阳能就能够为整栋房屋提供所需的全部能量吗？别忘了，房屋旋转同样也需要能量。事实上，向阳屋除充分利用太阳能发电、取暖之外，还采取了其他的节能措施，比如使用地暖，利用热能回收泵把人体、电器等散发的热能转化为取暖用的能量。这些措施大大降低了向阳屋的能耗，使它成为一栋能源顺差房屋。

多出能源的去向

事实上，向阳屋产出的能源是其自身消耗能源的 5 倍之多！其消耗的能源还包括了供给向阳屋屋体以及屋顶太阳能板旋转消耗的能源！

多出来的能源将被输送到本地的公共电网中，供其他人使用。能源顺差房屋的一大优势是可以将产出的多余能源卖掉，获得收入，这是建造一栋能源顺差房屋的又一大吸引点。

为什么要建造向阳屋？

向阳屋的其他环境友好特性

不要以为向阳屋单单使用太阳能，它还同时具有其他环境友好特性。它有一个室外灰水处理池，能收集灰水并对其进行处理。向阳屋产生的有机垃圾也被收集到一个地下肥堆里，6 个月后，就会变成天然肥料，促进花园里植物的生长。

向阳屋的屋顶上有可随太阳位置旋转的太阳能板

迪施与阳光的不解之缘 ☒

罗尔夫·迪施设计建造向阳屋是出于对环境污染的担忧。1975 年，他的家乡弗莱堡附近要建造一座核能发电站，因为当地公众的群起抗议，核能发电站的计划才被终止。

迪施支持抗议者，他想设计出使用清洁能源的建筑。于是，他决定把精力集中在太阳能利用方面。值得一提的是，当迪施刚刚开始他的太阳能利用计划时，太阳能光伏板和聚光板造价还非常昂贵。但是十多年后，由于中国大批量投入生产，太阳能板的价格迅速降低。这也是他后来的各种项目能够成功的原因之一。

迪施并没有马上建造向阳屋！他先开展了几个小型项目，试图通过这些项目来研究如何在他的房屋设计中以最佳的方式利用太阳能。

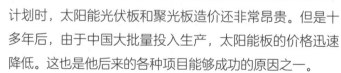

第一栋向阳屋

　　迪施于 1994 年建成了他的第一栋向阳屋，这栋房屋对他来说实为一个大型实验。可喜的是，这项实验最终成功了，迪施在建成向阳屋后搬了进去，并且住得很舒心、惬意。

　　向阳屋作为实验性建筑，具有非常重要的意义。但是它造价高昂，并不适合大范围推广。

太阳能住宅区 ✕

　　迪施的下一步，是设计建造更经济、实用，但同时仍然具有高度环保性的能源顺差建筑。他在自己的家乡弗莱堡设计建造的"太阳能住宅区"就是这种建筑的典型代表。这片区域由 59 栋房屋组成，所有房屋均是能源顺差建筑，这些房屋的屋顶上装有太阳能板。有数据表明，这个住宅区每年通过利用太阳能节约的能源总量相当于 20 万升石油燃烧所产生的能量！

　　迪施还有很多正在施工的项目，包括位于弗莱堡和柏林大型社区的经济方便的组装节能房。同时，他的目光已经投向未来：利用一切可用的空间，为高速公路搭一顶由太阳能光伏板构成的"遮阳篷"；或者，在大海之上，建一座漂浮的太阳城……

迪施的"太阳能住宅区"，房屋的屋顶上装有太阳能板

迪施的未来工程——漂浮在大海上的太阳城

清益斋——节能的「乐高房子」

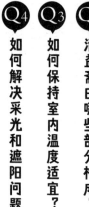

Q1 清益斋是怎么搭起来的？

Q2 清益斋由哪些部分构成？

Q3 如何保持室内温度适宜？

Q4 如何解决采光和遮阳问题？

Ⓐ 木结构体系
Ⓑ 轻钢箱体体系
Ⓒ 金属导风板
Ⓓ 太阳能光伏板/集热器
Ⓔ 薄膜光电采光通风窗
Ⓕ 智能电控天窗
Ⓖ 藤编板表皮
Ⓗ 可调节竹帘
Ⓘ 通风保温空腔

Ⓙ 麦秸板
Ⓚ 欧松板
Ⓛ 设备夹层
Ⓜ 生物质锅炉地板辐射采暖
Ⓝ 屋面雨水收集
Ⓞ 人工湿地模块
Ⓟ 镜面水池（雨水回用）
Ⓠ 风扇

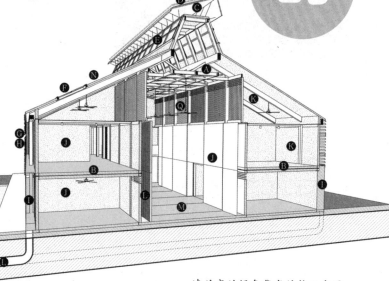

清益斋的绿色集成结构示意图

清益斋是怎么搭起来的？

Q1

清益斋这座房子位于中国贵州省贵安新区科技园，用于举办展览和接待游客。远远看去，清益斋就像童话里的森林小屋，红松木瓦覆盖着有坡度的屋顶，四面外墙披挂着藤编板，外墙基部是 2.4 米高的落地玻璃幕墙，屋脊的部分拔高，两侧辟有高窗，玻璃上贴着七彩的光电薄膜。顶部是导风板，上面有太阳能光电和光热设备。

不要小看清益斋的任何一个部分，从藤编板到玻璃幕墙，都是将艺术和实用相结合的设计。比如藤编板是就地取材，由当地的手工艺人完成，为他们带来经济收入的同时，也将一项传统手工艺直观地展示在人们面前。而且藤编板透气遮阳，提升了建筑的整体性能。

模块拼装

这个房子的建造过程类似乐高拼搭。设计师将整个房子的建造分为四个部分，他们称为"模块"，每个模块使用的材料都不同，这四个模块分别是：

模块 1：木建筑（屋顶和屋架）；

模块 2：轻钢箱体（展厅周边的房间）；

模块 3：外表皮及幕墙（房子的外壳）；

模块 4：设备。

设计师把这四个模块分别安排给不同的生产和施工团队，每个团队负责一部分的拼装，大家同时工作，互不影响。这样可以节省很多时间。

"清益斋"的名字源自哪里

决策者给它起名"清益斋"，据说取自《爱莲说》中"香远益清"一句，意为花香飘远，显得更加清新。

清益斋由哪些部分构成？

Q2

三维模型

除了分模块，这个房子从设计到建造还使用 BIM 系统生成三维模型。

施工团队按照设计师的要求来组装各个模块。

模块 1 的材料以木头为主。木头是最常见的绿色材料，几乎每种木头都可以用来盖房子，这个房子的木结构主要使用胶合木。工厂按设计要求将松树枝用胶黏合成需要的尺寸。胶合木运到工地后，再用塔吊进行吊装、拼接。这个可以看成是装配式的木结构。

模块 2 是 6 组并排的轻钢箱体单元，箱体大小是 3 米 ×6 米 ×3.3 米，有上下两层，也是在工厂预制，现场吊装。这个可以看成是装配式轻钢构架。

组装开始了。

首先将模块 2 的轻钢箱体放到模块 3 的幕墙里，注意，不是紧贴着放，而是要留出大约半米到 1 米的间隙，让内外墙之间形成一圈空腔，这个空腔除了要安放各种管线设备，还是重要的通风和保温设计。在箱体南北两个空间的中间留出 7 米间距，形成一个上下两层通高的大厅，在大厅的顶部把模块 1 的木结构架子搭上去。房子就基本成型了。

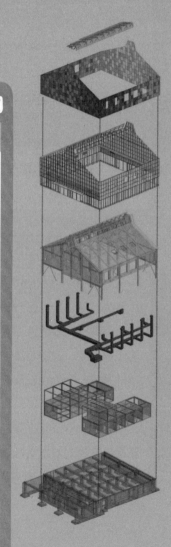

不同施工团队组装的清益斋模块

七彩玻璃窗 ✕

　　接着，在大厅顶部装上七彩玻璃窗，这个非常有趣，阳光透过玻璃上的光电薄膜，会在大厅的地面中央映出一条彩带，来往的人踩到这里，就会抬头注意到七彩玻璃窗，这是对绿色建筑技术的展示。在这所房子里，建筑师做了很多类似的巧妙设计。

"异形块" ✕

　　"乐高房子"搭到这里就完工了，而清益斋还有几个"异形块"要装进去，也就是前文说到的模块4。清益斋具有几个很酷的绿色建筑技术应用，分别是生物质锅炉、地道风系统、屋面雨水收集系统以及生态友好型给排水系统（①褐水、②黄水、③灰水，分别排出并进行处理、回收和利用）。

注：① 褐水指粪便及其冲洗水
　　② 黄水指纯尿液及其冲洗水
　　③ 灰水指洗衣、洗澡、厨房产生的污水

三维模型的作用

　　使用BIM系统生成三维模型可以使建设者在模型里对不同的部件进行标注和定位，通过电脑实现修改设计、监督建造过程、管理各个模块的进度等。

广角照相机拍摄的清益斋内部图像

如何保持室内温度适宜？

房子组装完毕，下面我们就来看看它是怎样节省能源的。

优化自然通风 ✕

清益斋所在的贵州，湿度较大，气候温和，夏季不超过25℃，冬季为0~8℃，这样的气候，冬季采暖、夏季制冷都是必需的。设计师主要考虑的是：利用夏季的凉爽风，挡住冬季的寒冷风，避免夏季的强烈日照，因此总的设计原则是最大限度地优化自然通风。

我们常说开窗通风透气，建筑通常在立面上开有侧窗。清益斋将侧窗开在幕墙上，自然风被引入室内，通过内部房间门上方的通风窗进入拔高的大厅。大厅顶部的侧窗有些是可以开启的，根据不同季节开启迎风或背风的窗扇，还可以控制开启的角度，这样室内的风向可以随季节变化：冬季背风，夏季可以利用自然通风将热空气带走，其他季节则可以利用自然通风，提高舒适度。

节约房子能耗从哪里着手

首先，我们必须弄明白，房子主要耗能在哪里。体感舒适的房子，要有合适的温度、湿度和光照，而要让房子冬暖夏凉、光照宜人，就需要人工调节，比如冬季采暖、夏季制冷、夜晚照明等。因此，在考虑如何降低房子的能耗时，一定要看它建在了什么地区，那个地区的自然气候如何。

优质设计的价值

清益斋巧妙地将通风和保温结合在一起，并且充分利用室外和地道里空气的冷热，而这些冷热源都是绿色环保的，不需要消耗不可再生资源。在自然环境好的地区，新鲜空气含有更多的负氧离子，让居住环境更加健康。清益斋的自然通风设计，只有地道风是绿色建筑技术的应用，其他都是设计师通过建筑的布局、构造来实现的，这就体现了设计的价值。

地道风的利用

✕

设计师并不满足于以简单的通风换气节能，还设计了另一条更"曲折"的路线：不仅能让自然风进入室内，还可以在需要时让它包裹房子。由于路线加长，自然风的温度也会有相应变化。内外墙之间的空腔就是自然风的临时停靠站。在玻璃幕墙上方设计有通风百叶窗，下方有通风口，二者同时开启，自然风可以顺畅地进入室内，这适用于室外温度十分宜人的春秋季；而到了夏季，室内主要利用地道风来制冷，为了挡住室外的热，留住室内的冷，幕墙上的窗户就关闭起来，自然风通过上下两个通风口在空腔里流动，进入不了室内，但会把外墙上的热量带走——像不像冷冻冰袋？到了冬季，气温最低可到0℃，室内利用地道风和生物质锅炉供暖，这时幕墙上的通风百叶窗和通风口都关闭了，空腔封闭，效果类似双层玻璃，形成了保温的缓冲层，变成了清益斋冬天的"棉被"。

春秋季：自然通风

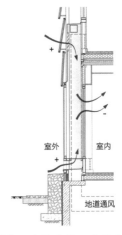

夏季：自然通风 + 地道通风供冷

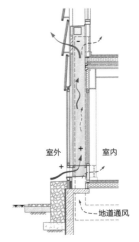

冬季：地道通风 + 地板辐射供暖

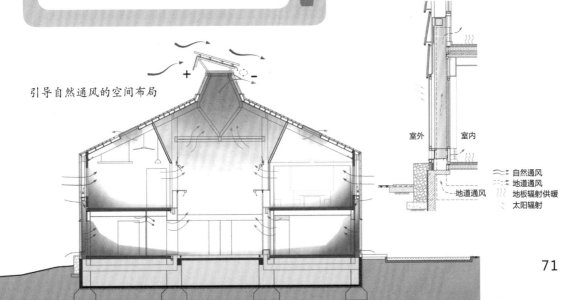

引导自然通风的空间布局

≈ 自然通风
≋ 地道通风
≈ 地板辐射供暖
↗ 太阳辐射

71

如何解决采光和遮阳问题？

Q4

在人类发明电灯之后，室内采光变得极其方便，如果没有自然光线捣乱，灯光亮度可以保持恒定。然而，除了医院手术室的无影灯，没有变化的光线无论应用在哪里都会使人产生极度的不舒适感，这个不舒适感并不完全来自视觉，更多的是心理感受。

建筑师再次通过设计，将清益斋的采光和遮阳处理得富有艺术趣味，同时通过 POE（有源以太网）合理配置室内照明，降低能源消耗。

清益斋的内部

房间里的光与影

日本有一句俳句："春至陋室中，无一物而万事足。"这是说一个空荡荡的房间，只要装满了春日阳光，就已经是最美好的。这是因为阳光本身就有着热度和生命。随着季节和一天内时间的变化，阳光进入房间的角度不断改变，制造变化的光影。

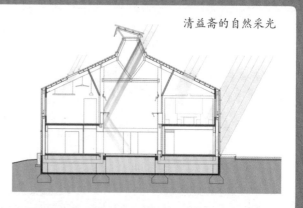
清益斋的自然采光

遮阳问题的解决

　　贵州地区冬季日照较少，因此设计师主要考虑夏季遮阳问题。阳光通过大厅顶部的侧窗照进室内，屋顶上另有电动开启的天窗，并在内侧装了电动遮阳帘。墙上的藤编板可以过滤掉一半的阳光，另外还装了手动调节的竹帘。各种开窗设置让光线通过不同的路径进入室内，而各种遮光设施，可以灵活地调节采光量，因此，在不同季节、不同天气、不同遮阳情况下，室内可以有不同的亮度，光线投射下的影子也变得更加丰富多彩。

　　设想一下，由于设计得巧妙，我们在清益斋里不仅可以呼吸新鲜空气，享受自然光线，还可以按自己的心意自由控制进入室内的空气和光线，因此可以让生活变得更加清新自然，就像这栋房子的名字——清益斋一样。

　　作为一个科技园区的接待大厅，进入园区的人会经过这里，停下脚步，感受"清益"的环境，从而发现：原来充分利用大自然的阳光和空气，尽可能少地消耗不可再生资源，不仅不会降低建筑的舒适度，还能让我们的生活更加健康。

阳光透过顶部侧窗射入，屋顶上还装有电动天窗。外墙的藤编板和手动竹帘可以有效地遮光

设计师运用绿色建筑技术的目标

　　设计师运用各种绿色建筑技术设定的目标是：引导和改变人们的建筑理念，重新认识大自然同人类的关系。

珠江城——中国首栋零碳建筑

Q1 如何制造穿堂风？

Q2 「珠江城」还用了什么节能技术？

74

利用穿堂风，可以纳凉，也可以挂上一串风铃，听其叮当作响。而大胆的建筑设计师却想用它来发电。

如何制造穿堂风？

Q1

穿堂风 ✕

由世界顶级设计事务所之一——美国 SOM 建筑设计事务所设计的广州珠江城大厦，被从中间"开膛"——在 24 层和 50 层打开四个大风洞，每个风洞都安装了风力发电机。"穿堂风"成了"穿膛风"，真是异想天开的设计！

广州的风，大多沿着珠江口从南偏东方向吹入。一般高楼的设计是侧面临风，可以减少风力对大楼的正面压迫。但是，珠江城大厦在设计时却有意朝南偏东 13°，迎风而立，大厦的雕塑型主体将风引至 24 层和 50 层的开口，让海风"穿膛而过"，推动涡轮机为大楼发电。

珠江城大厦采用的是芬兰的 WINDSIDE 风力发电机，是当时世界上最适合高层建筑的专用风力发电机，最大可承受 75 米 / 秒的飓风级风速。为保护风机，一般限制在风速为 40 米 / 秒的情况下发电，超过此速度则自动停机，让风机处于安全保护状态。同时，它还能在风力很小的情况下发电，启动发电机的最低风速只需 2.7 米 / 秒。

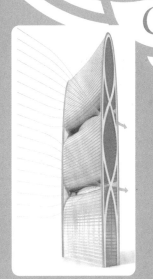

风从珠江城大厦"穿膛而过"

穿堂风的形成

在高楼之间的马路上，在高墙之间的小巷里，在门窗相对的房间中，我们会感受到强于其他地方的风，这些风俗称"穿堂风"。在空气流通的两侧，大气温度不同导致气压不同，从而使空气流动形成风，如果风遇到周围建筑物的阻挡，只剩下过道、门窗、走廊等通道可以流通，就会快速通过形成穿堂风。

大楼内的风力发电机

"珠江城"还用了什么节能技术?

Q2

珠江城大厦每年的风力发电量可达 21 万千瓦时。21 万千瓦时是什么概念? 240 盏 100 瓦的电灯,24 小时开着,可以照明一年。

水平仪

为提高安全系数,防止在极端天气时发生意外,人们将发电机的主轴在风洞层的上下两端进行固定——顶天立地,方能平稳。同时,还安装了水平仪监测变化,发现问题可及时处理。

光伏电池组

绿色环保的设计当然离不开太阳能。珠江城大厦的两侧和楼顶一共安装了 8000 多块光伏电池组(太阳能板),总面积达 1645 平方米。太阳能板一年大约输出电能 25 万千瓦时。风能加上太阳能,足够满足大厦的能量需求,所以,这座大厦是零能耗的"零碳建筑"。

智能遮阳百叶窗

珠江城大厦还安装了智能遮阳百叶窗,它可以根据光照方向自动调整角度,实时保证遮阳、采光和通透性的最佳平衡。

能根据光照方向自动调整角度的智能遮阳百叶窗

低辐射玻璃

珠江城大厦的玻璃外墙,采用了全新的双层呼吸式幕墙。外层的 Low-E 玻璃,又称"低辐射玻璃",表面镀有多层金属或其他化合物,让可见光透过的同时反射红外线,具有优异的隔热效果和良好的透光性。内外层幕墙之间安装的通风装置,可以实现呼吸功能,在排走室内污浊空气的同时带走富余的热量。这两项技术使珠江城大厦真正实现了冬暖夏凉。

流线体态的珠江城大厦，集中采用了 11 项重要节能技术，在节能环保方面贡献卓著，是中国首栋"零碳建筑"，也是现今全球最节能的建筑之一，入选了美国国家地理频道的纪录片《人类伟大工程巡礼》。

中国对风能的利用

安装在屋顶的风力涡轮机

在中国，距离地面 10 米高的风能资源总储量为 32.26 亿千瓦，其中实际可以开发利用的风能资源储量为 2.53 亿千瓦。中国近海风能资源储量为陆地风能储量的 3 倍。东南沿海及其岛屿为最大风能资源区。内蒙古和甘肃北部为第二大风能资源区。

风能发电

对风能的利用自古有之，即利用空气流动产生的风来推动机械做功，例如闻名世界的荷兰风车，就是用风能来推动石磨磨碎谷物或者抽水。

德国汉堡一座建筑物屋顶的风力发电装置

现代科技可以通过风车的传动轴，将风推动扇叶产生的旋转动力传送至发电机，产生电力。

到 2008 年，全世界的风能发电总量约有 9410 万千瓦时，已超过全世界用电量的 1%。对大多数国家而言，虽然风能还不是主要的能源，但在 1999 年到 2005 年之间，全球风能发电量已经增加了 4 倍以上。

因为风力发电利用空气的动能，所以，会不可避免产生很大的扰动和噪声，影响周围环境。因此，风力发电厂要远离居民区。

风车扇叶转动带动发电机发电

当然，也有一些建筑师在做风力—建筑集成方面的设计，将风力涡轮机放在屋顶或者离建筑不远的地方。

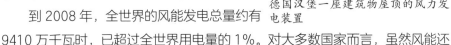

房屋大改造

Q1 什么是「能耗标准」?

Q2 什么因素决定了能效?

Q3 隔热材料的作用是什么?

Q4 还可以安装什么节能装置?

安德鲁住在德国北部的一座中型城市，他的家是一座 50 多年前修建的独立房屋。这座房子虽然维护得很好，外观看起来一点也不旧，但安德鲁的爸爸妈妈一直说它太耗能，因此想要全面修缮一次。尤其是这段时间，他经常听爸爸妈妈在饭桌上谈论这件事，还听到很多诸如"能耗 70""能耗 85"这样的词。

什么是"能耗标准"？

Q1

能耗标准 ✕

所谓"能耗"，指的是德国政府对电器及房屋消耗能量的一种评估标准。对于房屋，无论是新房还是旧房，你都可以请有执业资格的评估师来评估房子的耗能情况，并使用规定的软件，算出房子的能耗。评估师评估房子耗能情况，有两个主要的考核因素，一是每年每平方米用于取暖、热水以及通风的能耗量，叫作"年度基本能源需求"；另一个是对一座房子保温程度的衡量，叫作"热能传播流失量"。对于新盖的房子，政府每年都会颁发一套新的能耗标准，而且一年比一年苛刻。现在一般把政府 2009 年颁布的那一套能耗评估标准作为衡量标准，称为"能耗 100"。评估房子的能耗，就拿这个"能耗 100"作为参照值。

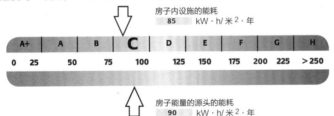

房子内设施的能耗
85 kW·h/米²·年

A+	A	B	C	D	E	F	G	H
0	25	50	75	100	125	150	175	200	225	>250

房子能量的源头的能耗
90 kW·h/米²·年

德国用于评价建筑物能耗的标尺。标尺上方的箭头指的是该房子内设施的能耗（每年每平方米实际消耗的能量）；下方的箭头指的是提供这个房子能量的源头的能耗，其中包含产能、传输等环节的能量损失

德国不可再生能源的储备情况

德国是一个不可再生能源贫乏的国家，就拿天然气来说，本国只能生产总需求量的 15%，其他全部依靠进口。近年来，随着石油价格攀升，德国居民用于取暖、照明等日常能耗的费用也越来越高。因此，节能地生活，尽可能地降低住宅的能耗，对于德国人来说非常重要。

什么因素决定了能效？

Q2

能耗与能效的关系

如果"能耗100"标准规定房子每年每平方米耗能100千瓦时以下，而有一个房子平均每年每平方米耗能70千瓦时以下，那它在这方面就达到了"能耗70"的要求。所以，能耗标准的值越大，能效就越低；相反，值越小，能效就越高。能耗在20以下的房子，就可以叫作"被动式节能房"了。

太阳能热水器

屋顶百叶窗

影响能效的因素 ☒

"那怎样才能提高房子的能效呢？"安德鲁问。

安德鲁的爸爸先给安德鲁看了自己电脑里的一张图。

他说："首先，房子的设计很重要。朝向、层高、房间面积和体积的比例,都会影响能效。"他用鼠标分别点了点图里的房顶、外墙和窗户，接着说，"德国气候比较寒冷，每年用于取暖的能耗很大。所以这几个地方的质量好不好很重要。你们物理课肯定讲到过能量交换的原理，房子在这几个地方的隔热效果越好，天气冷的时候，内部产生的热量越不容易流失，需要的暖气就越少，能效就越高。"

具有三层玻璃的
隔热窗户

地板采暖系统
的铺设管道

太阳能板

可回收热能通风装置

内墙

隔热层

外墙

墙体结构

热泵

弹簧式地热回路系统

隔热材料的作用是什么？

Q3

隔热材料 ✕

　　安德鲁的爸爸又点了一下地下室和一楼之间的地方，说："地下的气温比地上低，在房子内部，也会产生热量交换，所以这个部位的隔热也很重要。你知道，冬天的被子越厚越暖和。除了窗户，这几个地方也有它们的'被子'——各种隔热材料。一般来说，隔热材料越厚，隔热效果就越好。在房子的外墙和内墙之间、房顶下面以及地下室的屋顶铺上隔热材料，就等于给它们盖上了'被子'。"

　　"那这样夏天会不会很热呢？"安德鲁赶忙问。他的房间在顶楼，夏天有时候非常热，他经常去地下室"避暑"。

　　安德鲁的爸爸笑了："隔热性能好，外面的热空气也不容易进到房子里，这是同样的道理啊！房子的'被子'越厚，房子在夏天也就越凉爽。"

　　安德鲁松了一口气，但他又提出另一个问题："那是不是窗户越少，隔热效果就越好呢？"他家的房子有很多窗户，冬天他从窗户边上走过时总觉得那里比别的地方冷，而夏天又比别的地方热。

　　安德鲁的爸爸摇摇头："玻璃能让阳光照进房子，接收更多的能量，而且会增加房间的采光，从而节省照明用电。现在的窗户质量很好，完全可以达到跟外墙相同的隔热效果。比方说，'能耗 70'的房屋就要求使用三层玻璃的窗户以增强隔热效果。当然，窗户的遮阴设备也很重要，不然夏天房间里会很热。遮阴设备有很多种，安装在室外的效果一般比室内好。"

用技术提高能效

　　鼠标点到了图片下半部分地下室里那两个看上去像暖气机的图形上，安德鲁的爸爸说："要使房子的能效高，暖气设备的选择也很重要。比如靠低温水循环取暖的地板暖气设备就比我们家现在的暖气设备节能很多。而且，以前德国的家用暖气设备，大部分使用燃油和天然气作为燃料，现在又发明了用碎木屑、柴火等作为燃料的设备。"

　　"土壤吸收阳光的热能，雨水也会把热能带到地下。在土层冰冻线以下，土壤的温度常年保持在7~12℃。利用地热采集管和热泵，提供取暖和加热水的能量，这样就不耗费任何其他能源了。"

　　"真好啊！"安德鲁说，"这不是就可以完全脱离对不可再生能源的依赖了吗？"

　　安德鲁的爸爸摇摇头，说："热泵需要电力或天然气驱动，也会消耗能源。不过，有一种办法可以解决这个问题。"

地板采暖系统

　　地板采暖系统分为两类，一类用电，一类用水。

　　用电的地板采暖系统，是在地板下埋设电热丝（或者电热管、电热网），再在上面铺设地砖或者木地板。电热丝加热地板，就和电热丝加热毛毯一样。

　　用水的地板采暖系统，则是在地板下预埋水管。以温度不高于60℃的热水作为热媒，在加热管内循环流动，加热地板。热量透过地面，以辐射和对流的传热方式向室内供暖。由于热水所需温度比传统暖气低，耗能比传统暖气少15%~30%。而且，即便在冬天，你也可以光着脚在家里走动，大大提高了居住舒适度。

　　用水的地板采暖系统，除了供暖，还可以在夏日通入冷水，防暑降温。

还可以安装什么节能装置？

Q4

安德鲁的爸爸把鼠标移到图中房顶的左侧，对安德鲁说："这是一个太阳能光伏设备，它能把太阳能转化成电能，供家庭日常使用。政府还允许个人把自家设备生产的电输送到公共电网里，并支付一定的电费。有一种叫作'加能源'的房子，拥有大面积的光伏设备，生产的电远远超过个体家庭的需求。"

安德鲁的爸爸又把鼠标移到旁边的那片太阳能聚光板上："你看，这个聚光板跟光伏设备是不是有点差别？这是一个太阳能热水器的聚光板。它收集太阳的能量，把它转化成热能，可以用来加热水。如果把它和暖气装置连接起来，还可以制暖呢。"

看着安德鲁闪亮的双眼，安德鲁的爸爸笑了笑，接着说："还有一种节能的利器，叫作'可回收热能通风装置'。"

"你知道，在一座隔热性能特别好的房子里，由于我们呼吸、出汗，如果不经常通风的话，房子内部就很容易受潮，甚至出现霉斑。但是开门窗通风又会加速空气的热交换，耗费能量，所以，合理的通风装置是非常必要的。"

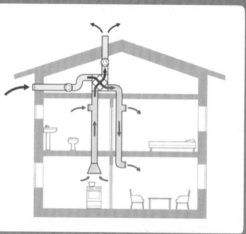

可回收热能通风装置工作示意图。新鲜空气进入其他区域前先与旧空气进行热交换，回收旧空气的废热，加热新鲜空气

安德鲁的爸爸点开电脑里的另一张图。

"一般的通风装置只是简单地把房屋里的旧空气用一根管道导出，再用另一根管道导入新鲜空气。可回收热能通风装置的总出气口和进气口都装在房顶，新鲜空气在进入其他区域之前，先在这里和旧空气进行热交换。室外的冷空气被室内的热空气加热，或者是室外的热空气被室内的冷空气降温，完成热交换之后的新鲜空气再被传送到各个房间。这套装置还能吸收室内人体和电器散发出的热量，用于加热新鲜空气。在冬天，这个装置可以把冷空气加热到室温的 95%，减少很大一部分能耗。"

"哇！"安德鲁叫出了声，"那我们家也赶快装一个吧！"

"别着急，"安德鲁的爸爸关上电脑，笑着说，"我们的房子有些年头了，很多地方需要更新，这需要很多钱。我们一步一步来吧。"

如何判断房子的隔热效果

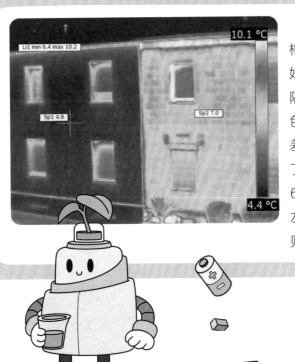

用红外线摄影机给房子照相，就可以看出它的隔热效果好坏。照片颜色呈冷色调说明隔热效果好，外墙是冷的。颜色呈暖色调，说明隔热效果较差，室内的热空气让外墙变暖了。左图是两栋建于 20 世纪 60 年代的连体房的红外线照片。左边的一栋经过重建，右边的则没有采取过任何节能措施。

具有生命力的房屋

Q1 绿色屋顶和墙壁有什么作用？

Q2 屋顶上的迷你农场能做什么？

Q3 如何适应周遭环境？

Q4 特制「皮肤」的作用是什么？

在地球上，生存能力强的动物能很好地适应周遭环境。事实上，一栋建筑也要如此，例如要冬暖夏凉或能承受各种天气的变化。既然如此，我们为什么不将一栋建筑看成一种生物，而不是仅仅将其视为一堆毫无生命的物质呢？

一些生物可以自给自足（例如，植物可以通过光合作用生产自身所需的养料），而一栋建筑利用自身的绿色屋顶和绿色墙壁也可以生产人类所需的食物。

绿色屋顶和墙壁有什么作用？

绿色屋顶 ✕

事实上，绿色屋顶已应用于许多国家的建筑中，且越来越受欢迎。所谓绿色屋顶，就是利用建筑物屋顶的空间，种植可食用的植物，这些植物不仅能够使建筑物生机勃勃，还能降低噪声、减少污染。

日本福冈一座建筑的绿色屋顶

意大利罗马大楼楼顶的花园

绿色屋顶和绿色墙壁的节能作用

它们能够调节温度，确保建筑冬暖夏凉。这就意味着人们对空调的需求量会降低，自然而然就做到了节能。

绿色墙壁

绿色墙壁的功能和绿色屋顶差不多，只不过是纵向的。绿色墙壁将土壤或其他生长培养基纳入自身结构，如此一来，人们就可以沿着墙壁从下往上播撒植物种子。绿色墙壁尤其适合种植水果、蔬菜、豆类（如鹰嘴豆）等作物。

伦敦一座建筑的绿色墙壁

意大利米兰一座建筑的绿色墙壁

迷你农场 ✕

　　假如你能在自家屋顶上种植够全家人吃的水果和蔬菜的话，就不用跑菜场了。这就意味着可以减少生产食物的耕地面积，而这自然也就意味着能源消耗量的减小。此外，也不需要消耗额外的化石燃料将种好的胡萝卜或西红柿从某个遥远的农场运送到超市了。耕地需求的降低同时意味着地球上将有更多空间留给湿地、森林以及其他自然土地类型。就拿森林来说，一片森林不仅只是一片森林，它还是一个绝佳的二氧化碳"吸收池"，有助于防止地球气候变暖。

　　注意，你不仅可以种植水果和蔬菜，还可以利用特殊设计的鱼塘来生产其他种类的食物，比如罗非鱼。养一池供自己食用的罗非鱼可以成为建筑自产食物的有机组成部分。如果能吃上自家养殖的罗非鱼，就不用再去购买大老远运送过来的鱼了，这样一来也降低了过度捕捞的危害性。

罗非鱼

　　罗非鱼能在狭小的水域中很好地存活，且这种鱼富含有益人体健康的低脂蛋白。更棒的是，这种鱼是纯粹的"素食主义者"，而且生长速度很快。

如何适应周遭环境？

Q3

由美国纽约库克福克斯建筑事务所设计的"工作生活之家"能极好地适应周遭环境。

这栋斩获大奖的建筑由一个13人组成的团队设计建造而成。这个团队最初构想时，首先考虑的是地理位置。

工作生活之家外部

地理位置

"了解建筑所处的环境是设计一栋可持续发展建筑的第一步。"库克福克斯建筑事务所的杰瑞得·吉尔伯特说，"工作生活之家是专门为高效应对纽约中部严酷、寒冷的冬季或类似气候而设计的。该建筑能够在夏季温和的天气里打开，吸入凉爽的自然风。我们在设计的过程中总是在寻找这栋建筑所处环境中有哪些免费的自然资源——风是免费的，阳光是免费的，雨水也是免费的；并致力于使该建筑巧妙、充分地利用这些免费的自然资源。"

工作生活之家的设计者们希望将其打造成环境友好型的绿色建筑，而环境友好型建筑则要求善于巧妙利用周围环境以达到节能目的。

适应环境

　　工作生活之家的设计原理和变色龙如出一辙。阴天时，工作生活之家四周的墙壁会变得几乎透明，阳光可以最大限度地进入室内，使室内变得相对温暖。如果是大晴天，工作生活之家四周的墙壁则会变暗，避免建筑吸收过多热量。这样的设计可以节约能源。

用户需求

　　仅仅能够适应环境仍然不够，库克福克斯的团队认为，建筑物还应该适应住户不断变化的需求。

　　工作生活之家的内外都是多变的！房屋的内墙带有滚轮，因此，各个房间均可以改变大小和位置。例如，住户可以随着一天内不断变化的太阳高度改变房间的大小和位置。许多人白天并不使用卧室，如果卧室能在白天尽可能少占室内空间的话，就能使住户拥有一个更宽敞的起居室；相反，到了晚上，如果能随意将卧室面积变大，便做到了空间的有效利用。

　　"我们认为只有设计灵活，能适应和满足住户需求变化，才能达到房屋长期使用的目的。"吉尔伯特说。

房屋的内墙带有滚轮，可以改变房间的大小和位置

未来建筑的特性

　　吉尔伯特认为适应性将会成为未来建筑的必备特性。想象一下：如果你是库克福克斯的一名设计师，你会为自己所处的环境设计哪种房屋呢？请牢记他们的四大理念：地理位置、环境友好、适应性、未来！

特制"皮肤"的作用是什么？

树皮

树皮时而厚实粗糙，时而纤薄且容易剥落。树皮的生长状况取决于树所处的生态环境。然而，树皮自身却可以修复霜冻等天气造成的伤害，和人类的皮肤被纸张划破后能够愈合一样！

像大树一样自愈

生物能够自愈及自我修复！

假如一栋建筑也能以同样的方式修复自己的"皮肤"会怎样呢？这样一来，业主将不必用额外的材料去修理、替换建筑中破损的地方了。（想象一下，如果你每次磕破膝盖之后都要去购买新的皮肤得多麻烦啊！）

威廉·麦克唐纳及合伙人建筑事务所的建筑师们也是这么想的。因此，这个团队设计出了"像树一般的房屋"。这种房屋被一种特制的"皮肤"覆盖，污损后能通过纳米技术清洁并能自我修复。墙壁的隔热层也使用了纳米技术新产品，与传统隔热层的厚重不同，这种高科技隔热层薄而轻，十分节省空间，而且它是透明的，能使阳光更好地进入室内。

此外，这种房屋的特制"皮肤"还带有一层极薄的太阳能电池板，能够充分利用太阳能，就像树叶进行光合作用一样，这一点也和大树很像。这种建筑的"根"是深埋在花园中的采暖系统，而"树干"则是房屋的碳管框架。房屋的各个系统都是可轻易拆装的，便于送去厂家进行更新和修理。

花园里栽种的都是本地植物，不需要额外的灌溉。高科技建筑材料还能吸收二氧化碳

生态机器，转化废物

生物还拥有一个特性，那便是可分解性。也就是说生物的残骸是可分解的，不需要昂贵、耗能的处理方法。

污水的危害

建筑也能用可分解材料建造。但是，一栋建筑在使用期间产生的污水又该如何处理呢？这里提到的污水包括厕所用水、洗衣用水、洗浴用水以及厨房水槽中的水等，这些水已经被肥皂、洗衣粉等物质污染了。因此，这些污水在排入江海之前必须通过庞大的污水处理系统或利用其他方式过滤、清洁，否则会严重污染环境。

污水的处理

美国纽约欧米茄永续生态中心的生态机器可以完成污水所需的过滤和清洁过程。该中心的污水处理无须依靠外部的水处理工厂，能够节省能源。

这种生态机器以太阳能为能源运作，每天处理的污水量接近 20 万升。机器利用植物、藻类、菌类甚至蜗牛等生物来清洁污水。处理过的水储存在该中心的停车场下，并慢慢释放到该中心地下的蓄水层中。

你想自家也拥有一台利用生物清洁污水的生态机器吗？这样一来就可以在家循环利用水资源了。或许在不久的将来，每一个人类居住的社区都能配备一台如此神奇的机器！

世界最美的污水处理厂——美国纽约欧米茄永续生态中心

曝气氧化塘利用微生物和藻类处理污水和有机废水

人工湿地利用土壤、人工介质、植物以及微生物的共同作用对污水、污泥进行处理

「科学女王」的节能建筑设想

"欢迎同学们参加东部地区科学博览会","抓住稍纵即逝的灵感,接受节能挑战"。

安妮抬头看了看条幅上的标语,会心地笑了。老师、同学、父母、爷爷奶奶纷纷从她身旁走过,而她却静静地站在那儿,仿佛一块急流中一动不动的石头,尽情地享受着这一刻。就在这时,一个刚刚走进大会议厅的同学撞了她一下,身旁的几个男孩儿一边大笑一边大声喊着:"安妮,科学女王——安妮!总是默不作声,从来没人注意!"这时候,她身旁的几个女孩儿也跟着咯咯地笑了起来。

安妮没搭理她这帮同学。她推了推滑到鼻子上的大黑框眼镜,背起脚边那个鼓鼓囊囊的包,朝着她13年的生命中最为重要的时刻大步走去。

大会议厅里,同学们激动而紧张的吵闹声在空荡的天花板间回响。大梁上挂着红色、黄色和蓝色的横幅,上面写着:"零排放""阳光＝能源""风让空气洁净"……

安妮把她的包塞到第 X 号桌下面。"你好,安妮。"安妮扭头转向隔壁桌,说道:"你好,贝。哇,你这条蓝色连衣裙真棒!我好喜欢!"

贝笑着说:"谢谢。颜色很亮吧?我想提醒评委这跟我的项目有关。"

"嗯。这个信息明白无误。"安妮回答说。

"那个,你怎么戴上眼镜了啊?"贝问道,"我可从来没见过你戴眼镜啊。"

"哦……评委来了!我得赶紧把我的东西组装好,过会儿再跟你解释。"安妮说。

安妮去参加了什么?

Q1

95

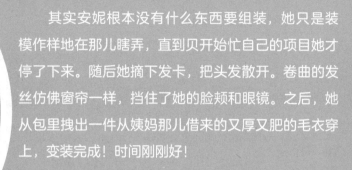

安妮想设计一个什么样的产品？

Q2

其实安妮根本没有什么东西要组装，她只是装模作样地在那儿瞎弄，直到贝开始忙自己的项目她才停了下来。随后她摘下发卡，把头发散开。卷曲的发丝仿佛窗帘一样，挡住了她的脸颊和眼镜。之后，她从包里拽出一件从姨妈那儿借来的又厚又肥的毛衣穿上，变装完成！时间刚刚好！

第二排，第×号桌　　　　🗙

　　三名评委来到第 X 号桌前。一名又矮又胖的男评委指着安妮的宣传海报开始读上面的说明："power plants。"（"power plants"在英文里一般指"发电厂"，但字面意思是"能源植物"。）读过之后他摇了摇头。另一名评委问安妮："小姑娘，你到底是怎么获得参赛资格的啊？我们想看到的是节能计划，可不是建立更多的发电厂。你解释一下！"

　　安妮将她那副总往下掉的大眼镜狠狠推了一下（这是她唯一显露自己生气的地方），笑着说："请让我解释一下我的计划。太阳是取之不尽用之不竭的能量源，而地球上的植物能够超高效地将光能转化成所需的能量。"说到这儿，安妮稍稍停了一下，想确保大人们在听她讲话。确定后，她满意地继续说下去。

　　安妮太专注于解释自己的想法了，完全没注意到此时三名评委正你瞅瞅我，我瞅瞅你，不停摆弄着手里的钢笔和夹板。

安妮的设计的理论基础

　　新近的科学研究已经证实，有机材料和电子材料可以被放进几乎所有形式的柔软的生命体系中，而植物本身就是一种生命体系。所以安妮想将电路装到植物里，让植物的根、茎、叶和导管能像电子设备里的联结装置、元件和导线一样工作。这样一来，体系就能将植物通过光合作用转化的能量收集起来。

"对不起，小姑娘，"一名评委打断了安妮的讲话——还算友善，"你的理论确实很有趣，但和节能项目又有什么关系呢？"

安妮眨了眨眼睛。她把挡在眼前的头发撩到耳后，盯着那个评委说："哦！哦！我忘了说我的假设了！那是个极其令人兴奋的实验……我跑题了。"

说着，她把散落下来的头发又重新拨回到眼前，并指了指桌上摆着的演示道具。桌上放着一个浅浅的养殖盆，里面有两株植物。植物的根扎进一种红色的黏稠物质中。一块大大的海报展板挡住了透过大会议厅屋顶洒到这张桌子上的阳光。

"我的假设是向建筑物中引入植物，通过生物工程改造植物，工程师由此可以建造出'绿色建筑'——它们可以收集光合作用转化的能量。"听到这儿，三名评委再次看了看彼此，准备走人。安妮一看事态不妙，赶忙指着植物根系周围的红色黏稠物质，开始了补充解释。

"将一种导电的聚合物植入植物（如一棵树、一丛灌木或者一朵玫瑰等）管状的木质部，这样一来，聚合物会沿着木质部的导管扩散至植物全身。在植物体内离子的帮助下，聚合物能够自行组成一种能像电线那样工作的东西。当有光的时候，'电线'便能收集植物光合作用转化的能量。建房子的时候，可以把这样的活体植物加入房屋的设计，这样房屋就能收集能量了。"一口气说了这么一大段话，安妮终于停下来喘了口气，"我使用的聚合物可以产生电阻，木质部的电流流过电阻就可以产生热量。"

安妮做了一个怎样的实验？

其中两名评委翻了翻眼皮，表示不以为然，第三名评委却说："展示给我看。"

"好的！太感谢您了！"安妮一边把挡在桌前的海报展板挪走，一边说，"这个东西挡住了阳光，我不想让植物过热。"她把右手伸进了两盆植物之间，等待电流流过。几秒钟后，她面露喜色。

"现在请您把手放到这两盆植物之间好吗？请吧。"这名稍稍感兴趣的评委照安妮说的做了。她的眼睛一亮，感觉到了来自植物的热辐射。之后，她惊呼道："哦！天哪！"

"请把您的手放在那儿别动。"安妮一边说，一边用海报展板重新把植物遮了起来，阳光瞬间消失了。过了一不会儿，这名评委就喊道："哦！天哪！我的天哪！热辐射消失了！请再加热一次，让我试试！"安妮再次把海报展板挪开。

"太神奇了！"这名评委惊呼。她转向另外两名评委，说道："你们也快过来试试！简直太神奇了。让人感觉舒适、温暖的植物！能源植物！"

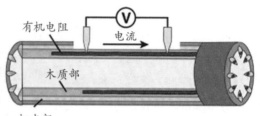

有机电阻　电流

木质部

韧皮部

电流通过木质部内的电阻时，会做功并产生热量

第五排，第XX号桌

安妮跑得上气不接下气，她悄悄溜到第五排第XX号桌前，蹲下身，把那副眼镜从自己脸上一把拽了下来，然后脱掉了那件肥大的毛衣，把它和眼镜一起塞进包里。接着，她又从包里掏出一件印有数字的足球服穿上。然后，她拽出一条向奶奶借的粉紫色的丝巾，把散落在脸上的头发捋到脑后，再用那条丝巾把它们扎起来。又完成了一次变装。安妮站了起来，刚好赶上。

"地热循环？"那拨评委站在了安妮的第二块海报展板前。三个人刚才都忙于给安妮的邻桌评最终得分。安妮的桌子上放着一只笼子，里面有一只正在飞奔的沙鼠。"请陈述你的项目摘要。"那名女评委盯着安妮的写字板，头也不抬地对她说道。

安妮大声说道："利用十几摄氏度的恒温土壤给房屋供暖和降温十分有效。这种方法称为'地热供暖'或'地热降温'。"

一名评委感觉无聊地打了个哈欠。

安妮礼貌地咳嗽了一声，试图再次吸引评委们的注意。她将一小团食物扔进桌上的那个笼子。

看到食物，那只沙鼠一下就跃到笼子里的轮子上，开始在上面狂奔起来。轮子不停地转着。安妮随即打开一个水阀，又扭亮了一盏灯。

"地热供暖"或"地热降温"原理

这种方法利用了大气和恒温土壤间的温度差。当屋里气温低时，就从房屋的土壤里将热量引上来供暖。当屋里气温高时，就将热气放出去与温度较低的土壤进行热交换。

99

安妮的设计能达到怎样的目标？

Q4

"循环"的双重含义

首先，它意味着携带热量的液体的循环；其次，它又意味着使用自行车产生小股能量（在英文中，"cycle"既有"循环"的意思，又有"自行车"的意思）。

这个装有沙鼠的笼子被放在一个房屋模型的底层。三名评委都弯下腰，看着安妮的进一步演示。蓝色的水通过管道，蜿蜒流经笼子底下的模拟土壤，再流回到房屋模型中，如此循环。

那名胖胖的评委开始大笑起来："小姑娘，你是准备靠沙鼠的力量给房屋提供能量吗？"

安妮用手紧抓着自己的下颌开始倒数："五、四、三……不，当然不是，先生。相信您也看出来了，我刚刚演示的是一个地热系统模型，系统利用了地下的恒温土壤。要让整个系统高效运作，就需要一小股能量，让液体在屋内和地下井之间循环流动，而液体会带着热量循环。"

那名女评委朝胖评委皱了皱眉，对安妮说："你还没完成项目摘要陈述呢。请继续吧。"

"在这里，'循环'具有双重含义。"安妮说，"屋主可以通过骑这台自行车，让热能在屋内和地下井之间循环流动。"

说到这儿，安妮特意盯着那名胖胖的评委看了几秒，然后接着说："在这个系统中，消耗的能量是我们身体中的能量。这可以让超重的市民运动起来，健身减肥。"

评委们开始走向下一个学生的项目，那名女评委看着胖胖的评委，边走边窃笑。

第二十二排，第XXX号桌

这是这个展览厅最后一列的最后一桌。安妮一屁股坐在了第XXX号桌前，不是因为接连赶着展示三个项目太累人，而是因为没有信心。此时，她今天早上的激动和乐观劲儿已经消失了。

估计自己的最后一个项目怎么也不可能落到同一拨评委手里。她卸下自己的伪装，将它们统统装进包里。现在她变回了自己本来的模样，卷曲的金发都别到了耳后。安妮感到懊恼，如果这个项目不能入选，就会失去获得奖学金的机会。

"人们为什么总是嘲笑、捉弄女科学家呢？"这个问题一直在她脑海里萦绕，就像那只笼子里的沙鼠，一直一直飞奔着，怎么都停不下来……

"小姑娘！小姑娘！"安妮睁开了眼睛。在第XXX号桌前站着的竟然还是刚刚那三名评委！安妮从椅子上跳了起来。"你们好！"除了这句话，她真不知道还能说些什么。

"你一定等很久了。"那个大高个、留着胡须的评委说道，"现在让我们来听听你的项目，叫'晴雨衣'，对吧？名字倒是挺好记的。"

"这是我所有项目里最钟爱的一个……"安妮嘟囔着，"我是说我觉得智能服装真的很有潜力。我，那个，我是说'晴雨衣'就是这样的。我是说……"

"小姑娘，"那名女评委打断了安妮，"别紧张，想好了再说。或许可以先谈谈你为什么喜欢这个项目。"

安妮深深地吸了一口气，在心里默数着："五、四、三……您知道吗？当皮肤的温度在34℃左右的时候，人体感觉最舒服。"她看了看三名评委，他们都在望着她，"科学家正在利用这一信息，研制能让人的皮肤保持在这个温度范围的衣服。我以我们学校为例做过一个计算，假如所有的老师和同学都穿上那样的'智能服装'，学校将会减少15%的能源损耗。想想看有多棒！"

"不过，"那名胖评委问，"这一点是怎样做到的？"

"晴雨衣"的制作原理是什么?

听到这个问题,安妮犹豫了一下,但紧接着解释了起来:"是这样的,这种衣服的布料能够适应气温的变化,根据气温收缩或膨胀。如果屋子里的气温过低而让人体感到不舒服,衣服的布料就会变厚。相反,如果屋子里的气温过高,衣服的布料则会变薄,让皮肤中的热量很快散出。哦,对了,在美国加利福尼亚州,一些科学家正在研制这种智能布料。"安妮屏住了呼吸,想都没想,问道:"大家想不想看看?"

这个问题让三名评委困惑地面面相觑。但安妮并没有注意到这一点,她把手伸到桌子下面,拉出了一大块正方形的布料。

"我在家想了又想,"安妮说,"我该如何演示'晴雨衣'这个项目呢?于是我决定给加利福尼亚的科研人员写一封信,询问他们能不能给我寄一块那种布的样品。他们真的寄了!"她把那块正方形的布料举了起来。

有关天气

松果的鳞片会随着温度的变化展开或收拢

"晴雨衣"的布料模仿了松果的特征:气温高时,布料变松,产生孔隙而透气;气温低时,布料封闭,防止身体热量流失

"可我还是得想出个演示的办法，总不能穿着这块布演示吧。"安妮举着那块布笑了起来。她转向那张放有一盏加热电灯和一台风扇的桌子，把那块布嵌在风扇前面的一个框里，然后打开风扇。那块布鼓了起来，像一张涨得满满的船帆。她又关掉了风扇。

安妮沉浸在自己的演示之中，竟然开口向女评委借她手里那块夹着一摞学生成绩单的夹板。女评委犹豫着，但是那个胖评委已经把自己的夹板递给了安妮，说："用我的吧。"

安妮将这个夹满纸的夹板放在布框的另一边，夹板上的纸张隔着布框正对着风扇。她先打开加热灯给那块布加热，几秒钟后，她开了风扇。

一开始，那块布还在往外鼓，但不一会儿，风就开始穿透那块布，夹板上的纸也开始沙沙作响。当更多的空气穿过那块变得越来越薄的布时，夹板上的纸被气流吹得飞起来，发出"啪啪"的响声。

"了不起！"胖评委鼓起掌来。其余两名评委也激动地喊道："太神奇了！简直不可思议！"

安妮关掉风扇，把借来的夹板还给了胖评委。他在转身离开前对

安妮说："小姑娘，你的项目都很不错。"那名女评委补充道："如果今后你都能像今天一样富有创意地工作，将来一定会变得举世瞩目，你讲的话也一定会变得很有分量！"她朝安妮眨了眨眼，跟着另外两名评委一起离开了。

安妮扑通一声跌坐在椅子上，此时的她感觉自己像个女王。

安妮能赢得奖学金吗

安妮构想的"能源植物"以及"晴雨衣"都是基于真实的、正在进行的科学研究。而"地热系统"其实早已存在，但我们不知道有多少地热系统是靠屋主骑自行车供给系统运作所需能量的。

现在，选出优胜者的时刻到了。然而，评委们需要你的帮助。你会选哪个项目呢？"晴雨衣""地热系统"，还是"能源植物"？

编辑策划成员

祝伟中（美），小多总策划，跨学科学者，国际资深媒体人

阮健，小多执行主编，英国教育学硕士，科技媒体人，资深童书策划编辑

吕亚洲，"少年时"专题编辑，高分子材料科学学士

周帅，"少年时"专题编辑，生物医学工程博士，瑞士苏黎世大学空间生物技术研究室学者

张卉，"少年时"专题编辑，德国经济工程硕士，清华大学工、文双学士

秦捷（比），小多全球组稿编辑，比利时鲁汶天主教大学 MBA，跨文化学者

李萌，"少年时"美术编辑，绘画专业学士

方玉（德），德国不伦瑞克市"小老虎中文学校"创始人，获奖小说作者

主要创作团队成员

拜伦·巴顿，美国生物学博士，大学教授，科普作者

凯西安·科娃斯基，资深作者和记者，哈佛大学法学博士

陈喆，清华大学生物学硕士

克里斯·福雷斯特，美国中学教师，资深科普作者

丹·里施，美国知名童书和儿童杂志作者，资深科普作家

段煦，博物学者和科普作家，南极和北极综合科学考察探险家

让－皮埃尔·佩蒂特，物理学博士，法国国家科学研究中心高级研究员

基尔·达高斯迪尼，物理学博士，欧洲核子研究组织粒子物理和高能物理前研究员

谷之，医学博士，美国知名基因实验室领头人

韩晶晶，北京大学天体物理学硕士

哈里·莱文，美国肯塔基大学教授，分子及细胞研究专家，知名少儿科普杂志撰稿人

海上云，工学博士，计算机网络研究者，美国 10 多项专利发明家，资深科普作者

杰奎琳·希瓦尔德，美国获奖童书作者，教育传媒专家

季思聪，美国教育学硕士和图书馆学硕士，著名翻译家

贾晶，曾任花旗银行金融计量分析师，"少年时"经济专栏作者

凯特·弗格森，美国健康杂志主编，知名儿童科学杂志撰稿人

肯·福特·鲍威尔，孟加拉国际学校老师，英国童书及杂志作者

奥克塔维雅·凯德，新西兰知名科普作者

彭发蒙，美国无线电专业博士

雷切尔·莎瓦雅，新西兰获奖童书作者、诗人

徐宁，旅美经济学硕士，科普读物作者